站 在 巨 人 肩 上
Standing on Shoulders of Giants

站 在 巨 人 肩 上
Standing on Shoulders of Giants

TURING
图灵教育

TURING 图灵新知

# 骨骼
# 知道真相

[韩] 陈周贤—————————著
李 阳—————————译

人民邮电出版社
北 京

图书在版编目（CIP）数据

骨骼知道真相 /（韩）陈周贤著；李阳译 . -- 北京：
人民邮电出版社，2019.5
（图灵新知）
ISBN 978-7-115-50406-7

Ⅰ . ①骨… Ⅱ . ①陈… ②李… Ⅲ . ①骨骼—普及读
物 Ⅳ . ①Q954.54-49

中国版本图书馆CIP数据核字(2018)第286058号

## 内 容 提 要

　　本书从骨骼的生物学和结构学特征入手，扩展至人类学、进化生物学、考古学，展现了精彩而丰富的骨骼世界。书中介绍了人体内各种骨骼的生长发育、功能作用，还通过动物骨骼和人类化石讲解了生命的诞生和进化等悠久历史。

　　本书适合对骨骼相关的生物医学知识感兴趣的读者、对法医学感兴趣的人阅读。

◆ 著　　　　[韩]陈周贤

　　译　　　　李　阳

　　责任编辑　陈　曦

　　责任印制　周昇亮

◆ 人民邮电出版社出版发行　　北京市丰台区成寿寺路11号
　　邮编　100164　电子邮件　315@ptpress.com.cn
　　网址　http://www.ptpress.com.cn
　　大厂聚鑫印刷有限责任公司印刷

◆ 开本：880×1230　1/32

　　印张：8

　　字数：183千字　　　　　　　2019年5月第1版

　　印数：1 – 3 000册　　　　　　2019年5月河北第1次印刷

　　著作权合同登记号　图字：01-2016-7956号

定价：55.00 元

读者服务热线：(010)51095186转600　　印装质量热线：(010)81055316
反盗版热线：(010)81055315
广告经营许可证：京东工商广登字20170147号

# 探究骨骼真相之路

　　6月炎热的一天，我们研究团队在越南广平省的一个村庄埋头挖掘。天气闷热潮湿，我们才挖了5分钟就开始汗流浃背。天空万里无云，在火辣辣的太阳下工作，偶尔吹来的缓缓清风已经是莫大的赏赐。我们研究所10名职员和40名当地人一起认真挖掘，再将挖出的土壤过筛。

　　我们寻找的是人的遗骨，因为挖掘时要留意有没有类似人骨的东西，所以一刻都不能松懈。我们经常会在挖出的土壤中发现类似骨头的小石子，仔细一看才发现不是，真是讨厌！

　　虽然每天做着一成不变的事情，但和当地人一起工作还是很有趣的。即使语言不通，需要通过翻译兵才能交流，我们之间依然存在着一种无须语言沟通的心灵上的默契。通常工作50分钟就休息10分钟，这时，当地的叔叔阿姨们总会把小吃和水递给我。这里是贫民区，虽然人们工作一整天的所得不超过2美元，但他们的心灵比其他人更富足。

　　有一天，我应当地人家邀请去吃午餐。这是一间简易的水泥房，一台小型电视机和两张木床是房间里的全部家当。孩子们看到我之后高兴地笑着，坐在地上铺的竹凉席上，开始用越南话叽叽喳喳和我聊起来。虽然听不懂他们在说什么，但看到他们这样兴奋，我也很开心。那天，女主人做的烤五花肉极好吃，我现在想起还会忍不住流口水。用小虾和蔬菜做的炒菜也很美味，软硬适中的米饭很合我的胃口。

午餐结束后，他们请我唱一首在越南很流行的 K-POP。我 2003 年就离开韩国去了美国，那时正值 Fin.K.L 和 H.O.T 流行，之后的韩国歌曲我基本不会。突然被要求唱 K-POP 固然使人感到慌张，但我也为韩国歌曲在这样的小村庄里如此受欢迎感到欣慰。我快速学了一首 2NE1 的《I don't care》，认真地唱给他们听。记不清歌词的时候我就随便唱，唱完一首歌之后，获得了这家人的热烈掌声。虽然当时觉得很尴尬，但也正是这样的小乐趣，才支撑着我在炎热的夏日里坚持挖掘。

挖掘工作持续了半个月，我们要找的"骨骼"依旧没有出现。每天挖掘结束之后，我回到酒店洗漱、写报告，不知不觉就到了晚饭时间。因为疲累，每次我都想直接在酒店房间里简单吃点面包充饥，但转念一想，既然已经来到了越南，不出去感受下当地的风土人情实在有些可惜。最终，我还是会走出酒店，在当地的传统市场转转。我在街边吃过浓汤米线，一碗就能让人汗流浃背，也吃过用酥脆的法棍面包制作的越南式三明治。有时，我会吹着凉爽的晚风，买不知道用什么做的烤串吃；也经常喝加了炼乳的香甜的越南美式咖啡，充当饭后甜点。

太阳下山，市场里的商贩们都回家后，街面上还有一些小餐桌和椅子。餐桌上的白色铁皮罐子里满满地装着鸡蛋，我很好奇为什么这么晚的时间还有商贩在卖鸡蛋，听了翻译兵的解释才知道，罐子里面装的是"毛鸡蛋"，这是当地人喜爱的夜宵之一。

我想起之前在韩飞野 ① 的游记中读到的相关文字，突然很好奇这种

---

① 在韩国被称为"风之女儿"，旅行家、作家、人道主义者。她曾为学习汉语在中国求学一年，并出版《中国见闻录》。——编者注

食物的味道。随行的翻译兵说他小时候很喜欢吃，问我要不要一起尝尝。虽然这种东西让我感觉有些毛骨悚然，但毕竟已经天黑了，吃的时候应该看不到里面的小鸡，而且既然当地人如此喜爱，应该会很好吃吧。我决定试一下，于是蜷缩着坐在那种澡堂里常见的小椅子上，剥开一个鸡蛋放到嘴里。酥酥的，嗯，味道像是鸡肉，又像是鸡蛋，没有想象中的怪味。日子就这样一天天过去了。

挖掘工作持续了一个月，但很遗憾，最终还是没有发现我们要找的骨殖——死于越南战争的美国士兵遗骨。据村子里的百姓回忆，当时确实在这个位置掩埋了美军的尸体，但毕竟是数十年前的事情，可能记忆已经模糊；或者天气太过湿热，遗骨已经腐烂；也有可能村民在做农活的时候挖到了遗骨，又将其移到了其他地方。

总之，我们能够确认的是，这个地方没有遗骨。到目前为止，还有1600名死于越南战争、7900名死于朝鲜战争的美国士兵遗骨没有找到。客死异乡却连遗骨都找不到，从美国人的立场上想，确实很令人痛心。因此，即使已经过去数十年，现在仍有工作人员在世界各地努力找寻他们的遗骨。

我就是这个团队的一员，一个为寻找遗骨而奔波的女人。作为一名人类学家，为了寻找大家印象中阴森恐怖的人骨，我穿梭于越南的丛林、南非共和国的洞穴、洪都拉斯的遗迹。考古是重体力劳动，但我可以不顾周围人对女性体力的担忧，在38摄氏度的高温下，为寻找遗骨而大汗淋漓地挖掘，累并快乐着。

其实，骨骼本是我们身体的一部分，没什么好怕的。然而，由于只有人死后骨骼才会裸露在外，所以人们会自然地将其与死亡联系在一起，进而产生一种排斥感。但我们对事物越熟悉就越会对其产生感情，对骨骼也是如此，了解之后就会发现其中的奥妙。

　　骨骼保留着我们一生的痕迹。观察死者的骨骼可以知道其年龄、性别、身高，并能够大致推断出其运动程度、饮食情况等信息。

　　骨骼与不停跳动的心脏一样，在人的一生中不断进行细胞新陈代谢。人们很难想象，漫画中小狗叼着的骨头就存在于我们体内。骨骼质地坚硬，所以成形后一般不会发生变化。然而骨质会随着人体的运动状况发生改变，运动越是频繁，骨骼就会越致密，反之则会变得疏松。

　　骨骼不仅记录着人的一生，同时也记录着人类的整个历史。人类历经数百万年时间进化成如今的形态，骨骼完整地记载了这个过程。通过观察数百万年前生活在非洲大陆的人类祖先的遗骨——尽管已随岁月的流逝发生了一些变化——仍然能够从中推测出当时的生活方式。我们可以得知最早的人类是如何行走的、身高是多少、吃什么食物，甚至能推测出当时的社会形态。

　　正如人类的骨骼记录着人类历史一样，动物的骨骼也同样记录着它们的历史。马在人类历史中扮演了重要的角色，而其实在数百万年前，它们的前后足均有 3 趾。当时，马的高度只有 60 厘米，是体型很小的动物。然而随着时间的流逝，马的身量逐渐进化增大，奔跑成为马的重要生存技能。马在保持自己较大形体的同时，为了维持较快的奔跑速度和支撑身体的重量，3 趾逐渐演变为 1 趾。因此，现在生活在地球上的马都只有 1 趾。我们根据遗留下来的马的骨骼得知了这一演变过程。除此之外，通过分析鱼类、麻雀、青蛙、猫、老虎等动物的骨骼，同样能够分析出其演化史。

　　通过比较不同物种的骨骼，很容易得知两个物种的相似点和不同点。比如人类和黑猩猩的形体就有很大不同。首先，黑猩猩的形体比人类小很多，腿也更短，胳膊则更长。另外，黑猩猩的体表覆盖着一层黑色体毛。然而，仔细观察黑猩猩的行动体态会发现，它们与人类又有很多相似之处。由于长着和人类相仿的手指，所以它们能够灵活使用木棍掏蚁穴觅食，也可以像人类一样自如地剥香蕉皮。

　　《枪炮、病菌与钢铁：人类社会的命运》的作者贾德·戴蒙教授把人类叫作"第三种黑猩猩"，也是由于人类与黑猩猩具有很多相似之处。（野生动物界中存在两种黑猩猩，因此将人类称为"第三种黑猩猩"。）人类与黑猩猩有 79% 的遗传基因是相同的。两者的骨骼虽然存在不同之处，但相似度太高，不是很了解的人有可能会把黑猩猩的骨骼当作人骨。例如，由于黑猩猩和人类都可以灵活使用某些工具，所以它们的手掌和手腕结构与人类很相似。然而，与直立行走的人类不同，黑猩猩身体向前倾，使用手掌支撑地面，四足行走。行走方式的不同导致黑猩猩与人类的骨盆结构具有很大差异。在生物进化史上，人类与黑猩猩的这种差异从何时开始出现，又通过怎样的过程进化为如今彼此不同的形态，只有埋在地下的骨骼可以解释这个问题。

　　骨骼还可以替冤死的人澄清真相。父母虐待致死的孩子如果被谎称死于意外事故，此时可以从骨骼中找到相关线索。将尸体肢解并埋藏在不同的地点来掩饰罪行的杀人犯，也会因露出地面 1 元硬币大小的骨殖而暴露，在监狱中度过余生。60 年前客死于遥远朝鲜半岛的美国士兵的遗骨可以被带回家人的怀抱，年过八旬的妹妹可以抱着哥哥的遗骨因重逢喜极而泣，儿子的遗骨回到终其一生没能找到他的尸体因而抱憾离世的妈妈身边，这些都是骨骼的功劳。那些为了追求更好生活远离墨西哥故乡、踏上赴美征程，却未能走出数百千米外的亚利桑那州沙漠的人们的尸体已在烈日照射下氧化变质。虽然尸体早已腐烂，只剩下累累白骨，但正因为有这些白骨，他们才得以被送回故乡安葬。

这一切正是我爱上骨骼的原因。那么，从现在起，让我们来听听骨骼讲述的故事。

# 目　录

第 1 章　活着的骨骼讲述的故事
## 我们身体中的多种骨骼

第 2 章　骨骼中的成分讲述的故事

# 具有无限奥秘的身体组织
# ——骨骼

第 3 章　远古时期骨骼讲述的故事

# 有骨架动物的历史

第 4 章 死去的骨骼讲述的故事
# 骨骼知道真相

第 1 章

活着的骨骼讲述的故事

# 我们身体中的
# 多种骨骼

# 骨骼是有生命的

时间回到 1994 年，对于韩国高中生来说，KTV 是为数不多的消遣场所之一。3 月，我刚升入高中的第一个月，学习压力并不大，但还是在周六上午下课后，和朋友们一起去了江南站附近的 KTV 放松一下。大家玩得很尽兴，不知不觉到了深夜。害怕这么晚回家会被妈妈训斥，我匆匆忙忙离开 KTV，坐上了回家的公交车。然而，公交车驶向了越来越清静的陌生小区，我才意识到自己坐反了方向。在那个年代，别说手机了，就算 BP 机都不常见，于是我决定先下车，去找一部公用电话，给家里报个平安。

我下车的地方是一条车流密集的宽阔街道，要过马路坐反方向的车回家。因此，我循着人行道，在指示灯变绿后，急匆匆向对面走去。就要到马路对面的时候，我突然感到眼前一片漆黑，金星四溅。直到 20年后的今天，我还对那个瞬间记忆犹新。当我恢复清醒，睁开眼睛时，才意识到自己正躺在马路上。围在我周围的一群人看我醒过来，急切地喊道："睁眼了！还活着！"那时，我还不知道自己是被车撞倒了。随后，我被送到附近的整形外科医院，万幸地只是伤到了右侧肱骨。就因为去了一次 KTV，结果出了车祸，被撞折了胳膊，以至于去参加修学旅行

004 | 第 1 章　我们身体中的多种骨骼

时，我的胳膊上还要打着石膏。在我翘首以盼的校庆上，也只能坐着，
什么都做不了。这一次骨折之后，就像是约好了似的，每两年我都会骨
折一次，去医院打石膏。

　　然而每次打石膏的时候，都会有一些疑问困惑着我：现在医学技术
如此发达，为什么骨骼康复的医疗方法却如此原始呢？为什么只能靠石
膏固定，等着骨骼自然康复，而不能借助高端的医学科技将骨骼连接起
来呢？当然，严重骨折会通过植入钢钉的外科手术进行治疗，但一般性
骨折固定一段时间即可自行痊愈。我按照医生的要求接受了治疗，一两
个月之后，骨伤真的神奇般地好了。在那一两个月里，我不能正常洗
漱，也不能自如移动，尝尽了骨折患者的痛苦。值得庆幸的是，随着时
间的流逝，骨伤慢慢愈合了。

　　在这一两个月里，骨骼究竟发生了哪些变化呢？

## 细胞在骨折时紧急出动

　　骨骼由很多细胞构成，骨组织中的细胞称为骨细胞，它们互相联
结，接收身体传来的信号，监控骨骼状态。我们可以把骨细胞想象为成排
手牵手站着的士兵。如果发生骨折，骨折点附近的骨细胞就会与其他
骨细胞断联并死亡。邻近的骨细胞发现通信中断，就会向周围的血管
发出紧急救援信号。血管接收到信号得知出现问题后，就会马上开始
修复工作。骨折部位毛细血管增生，干细胞随毛细血管进入伤处。皮
肤受伤时，擦药之前要先清洁伤口，骨折也一样，开始恢复之前要先
将骨断裂处的碎片清理干净。这和重建之前要先清理废墟是一个道理。

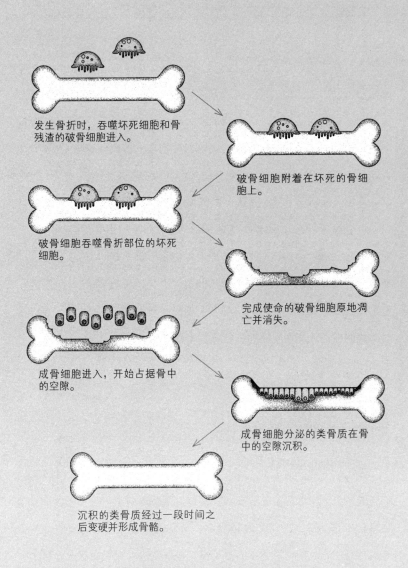

发生骨折时，吞噬坏死细胞和骨残渣的破骨细胞进入。

破骨细胞附着在坏死的骨细胞上。

破骨细胞吞噬骨折部位的坏死细胞。

完成使命的破骨细胞原地凋亡并消失。

成骨细胞进入，开始占据骨中的空隙。

成骨细胞分泌的类骨质在骨中的空隙沉积。

沉积的类骨质经过一段时间之后变硬并形成骨骼。

**骨重塑过程** 骨骼中的细胞不断新陈代谢，骨重塑过程不只在骨折时发生，而是在我们的身体内随时进行

　　破骨细胞通过骨折部位新生成的分支血管进入，吞噬坏死细胞和骨残渣。如果是一般性骨折，这个过程会持续半个月左右。完成使命的破骨细胞会在原地凋亡并消失。此刻开始，从干细胞分化而成的成骨细胞开始占据骨中的空隙。成骨细胞在需要形成新骨的位置不断分泌与骨成分类似的类骨质。沉积下来的类骨质经过一段时间之后，会逐渐变硬并形成骨骼。与结束使命之后凋亡的破骨细胞不同，成骨细胞完成造骨任务之后不会消失，而会停留在原位，其本身被骨基质包埋并形成骨细胞，承担监控任务。整个过程一般需要 3~4 个月。

　　以上整个过程被称作骨重塑过程。骨重塑过程不只在骨折时发生，而会在我们的身体内随时进行。即使我们每天以相同的姿势走路，也会在某一时刻使骨骼受到较为严重的冲击；同时，我们平时步行时对骨产生的负荷积累到一定程度后，便会发生肉眼看不到的细微骨折。每当此时，我们的身体都在不停地进行着骨重塑过程。

# 年龄与骨骼数量成反比

　　骨折后骨重新连接的过程，与儿童骨骼长成成人骨骼的过程其实是相同的，因为二者都是新骨长成的过程。偶尔会有人问我，儿童的骨骼数量是不是比成人的骨骼数量更多。其实这样说并非毫无道理。那么，难道骨骼在儿童成长过程中消失了吗？这个说法也并非全对。看到这里，大家可能会说："对就是对，错就是错，为什么这样模棱两可呢？"但事实上，这个看似模棱两可的答案就是正确答案。首先，骨骼数量的计算标准决定了儿童与成人之间骨骼数量的差异。

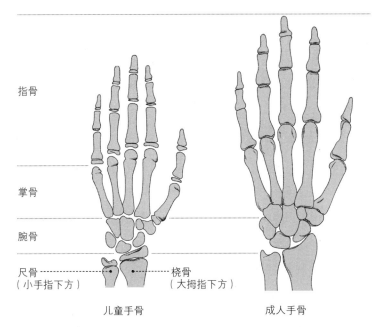

指骨

掌骨

腕骨

尺骨 ------------------------------ 桡骨
（小手指下方）                    （大拇指下方）

儿童手骨                    成人手骨

**儿童手骨与成人手骨**　成人的掌骨与指骨关节连接紧密，与此不同，儿童手骨的指骨两端互不相连，掌骨与指骨之间都留有空隙。此外，儿童的腕骨与前臂的尺骨及桡骨都没有连接

　　臂骨和腿骨在人刚出生时，分为很多块小的骨头。发育完成后，这些小块骨最终会逐渐融合为一块骨。成人的计算会将刚出生时手臂的所有小块骨都合算作一块臂骨，儿童则以最初分离的状态而将臂上的小块骨都算作不同的臂骨，两种计算方法得出的骨骼数量就会各不相同。

　　通过 X 射线观察成人骨骼会发现，在连接肩膀和上臂的关节以及连接骨盆和大腿的关节部位，骨骼都紧密地连接在一起。手骨也是一样，掌骨与指骨是紧密连接的。然而，如果观察 X 射线拍摄的儿童骨骼会发现，儿童的骨骼结构很松散，不仅关节没有紧密连接，骨头之间也是各自分离的，骨盆和腿骨互不相连，手骨的每个关节都没有连接，骨头之间都留有空隙，甚至会让人怀疑这样的骨骼结构能否自由活动。儿童的骨骼结构为什么会如此松散呢？了解骨骼形成的方式之后，大家就会得到答案。

骨骼形成的方式比想象的复杂而有趣。以被称为肱骨的长骨为例，它位于肩关节和肘关节之间。肱骨最上方的部位形状与用勺子挖出的冰淇淋相似，都是球形。这个球形部位与肩胛骨相连接，肩胛骨就像是冰淇淋桶中剩余的凹陷部分。我们常听到的"肩膀脱臼"就是指这里的关节错位，肩胛骨与肱骨没有完全对合。

成人的肱骨是一根长骨，儿童的肱骨则分为几块。胎儿在母亲肚子里大概第 8 周的时候，肱骨开始形成。这个形成过程并不是瞬间完成的，而是中间部位先开始出现，之后骨逐渐加长，最终形成完整的肱骨。婴儿出生时，肱骨处于松散、细长的状态，而且未连接肩胛骨。

1 岁左右刚学会走路时，孩子肱骨邻近肩膀部位的小骨头开始形成。到孩子 2 岁慢慢开始学着说话、有点小脾气时，这个部位开始长第二块小骨头。时间一晃，到了孩子上幼儿园的年龄，这时第三块骨头开始形成，并与一两岁时长成的小骨头连接起来。孩子开始上小学的时候，所有小块骨头全部连接在一起，肱骨靠近肩膀部位的骨头完成发育。这就是与肩胛骨相连的肱骨最上方的球形部位，此时还没有与肱骨的长形部分连结起来。那么，这两部分是何时连接起来的呢？大概要到 20 岁时，肩膀部位的骨头才会与肱骨中间部位长形的骨头完全连接。肩膀与上臂相连接的关节的整个发育过程很漫长，其间会形成很多小块骨头，它们

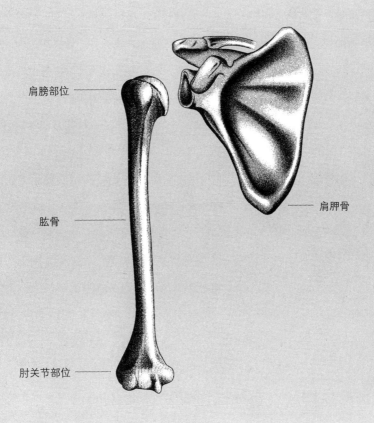

肩膀部位 ————

肱骨 ————

肘关节部位 ————

———— 肩胛骨

**肱骨与肩胛骨**　肱骨的最上部位是球形的，与之相连接的肩胛骨形状则是对应的凹陷形。肱骨与肩胛骨通过韧带与肌肉彼此连接。

在胎儿大概 8 周的时候，肱骨从中间部位开始形成，并逐渐向上下两个方向延伸变长。肱骨靠近肩膀的部位在孩子上小学时完成发育，到大概 20 岁时，与中间的长骨完全连接。肱骨肘关节的部位相比于肩膀部位由更多块骨组成，所以融合成一块成骨的时间更晚

最终互相融合。

肱骨邻近肘部位的骨骼也以相似的方式完成发育。肘与手腕之间有两块骨，这两块骨在肘关节处与肱骨相接，所以肘部位的关节结构要比肩膀部位的更为复杂。肱骨肘关节会生长更多块骨，并最终连接为一整块。在孩子3岁喜欢跟家长"唱反调"时，肘关节邻近部位开始形成骨骼。一直到叛逆的青春期，肘关节邻近部位始终在生长小块骨，并在此时开始互相连接。到了逐渐懂事的15~20岁，肘关节及其邻近的骨骼才完成发育。

包括肱骨在内，我们身体中的骨骼大部分都以这种方式生长发育。11周大的胎儿体中有800块左右的骨，胎儿在母亲体内持续发育，到出生时，体内的骨骼数量已经减少到450块；成人后，体内骨骼数量减少为206块。人们常喜欢把小孩子称为"乳臭未干的毛头小子"，与之相比，我认为"骨头还没连起来的家伙"也不失为一个贴切的比喻。

## 骨骼连接状况可作为确认尸体身份的线索

在这个以高个子为美的年代，妈妈们都会为孩子的身高费尽苦心：给孩子喝牛奶，吃各种对身体好的含钙食品，让孩子做运动刺激骨骼发育，甚至还会带孩子注射生长激素。在网上随便搜索一下相关问题——"生长板什么时候关闭""生长板关闭之后如何增高"——就能充分感受到妈妈们急迫的心情。

那么，生长板究竟是什么呢？肱骨的球形骨与下面的长骨连接在一起之前，这两块骨之间的空隙就叫作生长板。因为这个部位会持续形成新骨，并与上下的骨相连接，使骨骼不断加长。而当生长板与其上下部位连接起来时，也就意味着生长板关闭。

我们体内有很多生长板，与身高相关的生长板位于腿骨。股骨与腓骨的生长板通常在 16~22 岁时关闭，此时才完全发育为成人的腿骨。在生长板关闭之后，再想增高就比较难了。

身体中的不同骨骼，甚至同一块骨的不同部位完成连接的时期都各不相同，因此，观察尸体的骨骼发育状况可以判断死者的年龄。判断没有遗留物的不明尸体身份时，这是方法之一。比如，一具尸体的肱骨肘关节部位的骨骼已完全发育，但肩膀部位的骨骼还没有连接。那么，根据"肘关节部位在 16 岁时完成发育，而肩膀部位在 20 岁时完成发育"的事实可以推断，死者的年龄为 16~20 岁。目前，关于人体各部位骨骼完成发育时间的研究已经很成熟。20 世纪 50 年代之后，人们已开发出多种用于推断年龄的研究方法，而针对朝鲜战争中死亡的美国士兵遗骨分析就属于其中的研究项目之一。

朝鲜战争结束后的 1954 年，在战争中阵亡的士兵遗体被分别运送回他们各自的国家。美军从朝鲜接收了 2000 多具阵亡士兵遗体，将其临时海运到位于日本小仓市的美军阵亡士兵身份鉴定所。那里聚集着当时美国身份鉴定界最权威的人类学家和解剖学家，这些大学教授和博物馆策展人中断了自己的工作，来到日本，一待就是几个月或几年。为了能够将这些客死他乡的士兵送回家人的怀抱，专家们使用临时搭建的设施，每天在恶劣的环境下分析这些遗骸。在他们的辛劳付出下，1600 具遗体完成了身份鉴定，并被送回故乡。遗憾的是，余下的 400 多具尸体由于腐烂严重，无法完成身份鉴定。这部分尸体以及之后收到的另外

400 余具身份不明的尸体，被安葬于美国夏威夷的太平洋国家公墓。

　　在朝鲜接收的 2000 具尸体中，已确认身份的 1600 具遗体均被准确确定了死者当时的年龄。因此，可以以此为样本，研究骨连接与年龄之间的关系。人类学家详细记录了遗骨的鉴定过程，其中关于骨骼是否发育完全的记录，成为之后通过骨骼状态判断死者年龄的基本资料。朝鲜战争中死亡的美国士兵大多处于 18~23 岁的花样年华，他们中很多人的骨骼还没有完全连接，或者刚刚完成连接但还留有细微的缝隙。

## 生成最早而连接最晚的骨骼——锁骨

　　阵亡的美国士兵大部分都年纪轻轻，还没有结婚，从他们的遗骨中很难找到已经完全连接的锁骨。这是因为，锁骨是我们身体中最晚完成连接的骨骼。还没有完全发育的青少年的左右锁骨之间有一块相当于 5 角硬币大小的小块骨还没有连接，这块骨要在过了 25 岁之后，才会完全与锁骨连接。一般在 23 岁时，胸骨才开始与锁骨连接，有些人会更晚，到 30 岁之后才完全连接。有意思的是，我们体内最晚完成连接的锁骨，其实在精子和卵子结合后不到 5 周时，就在母亲的肚子里开始形成了，它是最早开始形成的骨骼。

　　如果在丛林中发现遗骸，其肱骨的上下两端都已连接，而锁骨还是分开的状态，那么死者当时的年龄大概是多少岁呢？从肱骨全部完成连接可知，死者已经满 20 岁；而锁骨还没有连接，说明小于 25 岁。因此，可推测死者年龄为 20~25 岁，或更粗略地推断为 20~30 岁。锁骨是我们体内最早开始形成、最晚完成发育的骨骼，它位于颈部下方，左右各一块，能够用手摸到。"迷人的锁骨曲线"是明星魅力的象征。接下来，让我们更深入地了解这块小而迷人的骨骼。

# 人体内的指纹——锁骨

锁骨只有手掌那么长，厚度只相当于小指的一节，锁骨在上臂处与肩膀两侧的肩胛骨相连，在颈部处与胸骨相连。锁骨对于人类及猴子等手臂和肩膀运动频繁的动物来说尤为重要。做伸展运动时，将胳膊向左右两个方向拉伸，如果没有连接锁骨的肌肉，胳膊就会下垂。远古时期生活在地球上的鱼类化石中，也发现了锁骨，这足以证明锁骨在动物进化过程中拥有悠久的历史。

然而，随着动物进化为多个不同的物种，其中的一些物种开始不再需要锁骨。像马或鹿这种使用四蹄快速奔跑的动物，相当于手臂的前蹄不再需要做左右两个方向拉伸的动作，锁骨的作用也随之消失。因此，马和鹿等动物是没有锁骨的。然而，同样四足行走的猫或熊却仍然保有锁骨，因为它们的前爪会像人类的手臂一样运动。猫使用前爪抓老鼠，熊则使用前爪捕捉河水中逆流而上的鲑鱼。

不管对人类还是猴子来说，锁骨都很重要，对于空中飞翔的鸟类来说，锁骨的重要性则更为突出。在吃参鸡汤时，不知你有没有注意到一块很细的 V 字形或 Y 字形的骨头？如果没有看到过，下次一定要注意观察哦。这个 V 字形的骨头就是鸡的锁骨。

　　人类或猫为了抓住某个物体，通常会更频繁地使用某一侧的手臂或前爪。而鸟类则不同，它们的双翅通常是要同时活动的。因此，人类的锁骨可控制两侧的手臂分别活动，而为了更好地配合飞行动作，鸟类则只有一块锁骨，长在中间部位，且体积更大。于是，在物种的进化过程中，鸟类的两块锁骨逐渐向中间融合为一块，并由一字形演变为 V 字形，且附着有庞大的胸肌。

　　人类在伸展两臂时，锁骨起着重要的作用。与之相同，鸟类展开双翅飞行时，锁骨也不可或缺。鸟类飞行时，全身都要发出很大的力量，而承受这种巨大力量的就是锁骨。鹰或秃鹫捕获猎物并用爪子将其抓紧时，若想此时起飞，胸部必须有足够强大的肌肉。锁骨以及附着的肌肉都是为辅助鸟类飞行发力而特别进化的身体结构。买只整鸡回来清理时仔细观察就会发现，与其他部位相比，鸡胸部的肉会尤其厚且大。虽然鸡如今已经丧失了飞行能力，但作为由鸟类进化而来的物种，它们仍保留着发达的胸部肌肉。

　　由于鸟类体内的 V 字形骨骼与人类的锁骨形状不同，所以又称为"叉骨"。英文中的鸟类叉骨被称为 wishbone，又名"许愿骨"。这个美丽称呼的由来与欧洲一项悠久的传统有关。当时，人们相信神存在于每一个生命中，而在空中飞翔的鸟类则具有占卜未来的能力，鸟类的叉骨尤其灵验。使用叉骨占卜时，首先需要将鸟杀死，取出叉骨，之后将其置于阳光强烈的地方晒干。到了干脆易断的程度时，两个人分别拿着叉骨的一端，各自许愿后同时向两侧用力拉。由于叉骨自身很细，又是 V 字形的，只要稍一用力就会轻松折断。人们相信，叉骨被折断时，手持更长一截的人会如愿。这种传统延续至今，现在美国人在感恩节时，全家人还会一边吃烤火鸡一边玩折"许愿骨"的游戏。

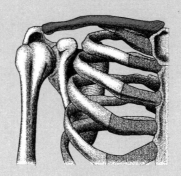

人类的锁骨

鸟类的叉骨

**人类的锁骨与鸟类的叉骨**　人类的锁骨在上臂处与肩膀两侧的肩胛骨相连，在颈部处与胸骨相连。对于经常使用手臂的人类或猴子而言，锁骨的作用尤为重要。将胳膊向两侧大幅度拉伸时，如果没有连接在锁骨上的肌肉，胳膊就会下垂。鸟类飞行时需要双翅同时发力，所以其锁骨不是左右各一块的结构，而是在中间部位有一块较大的锁骨，这样更有利于飞行。在鸟类的进化过程中，左右各一块的锁骨逐渐融合为一块，形状也由一字形演变为 V 字形在数千万年前的化石中，也经常会发现叉骨，其中体积最大的是霸王龙的叉骨。恐龙并不飞行，但与如今的鸟类相比，两者具有很多相似之处。虽然叉骨对于鸟类飞行具有很重要的作用，但从恐龙也有叉骨的事实中可以得知，最初叉骨并不是为了飞行而存在的。这是进化生物学中很容易混淆的理论之一。人们会习惯性地认为，由于人类的下巴具有咀嚼的功能，所以下巴最初的形成就是为了辅助人类咀嚼；叉骨对鸟类的飞行具有重要作用，所以叉骨就是为了辅助飞行而存在的。其实把问题简化就很容易得到答案：我们的鼻子能够托住眼镜，但鼻子并不是为了托眼镜而存在的，不是吗？

## 如何通过锁骨鉴定死者身份

如前所述，锁骨不仅能够帮助我们判断死者年龄，在鉴定死者身份时也具有重要作用。那么，如何通过锁骨鉴定死者身份呢？其实，就像指纹是人体独一无二的特征一样，每个人的锁骨也各不相同。

人体内的其他骨骼组织应该也都存在个体上的差异，但为何我们一定要通过锁骨来鉴定身份呢？原因之一是，锁骨的骨密度和形态是终生不变的。腿骨要支撑身体的重量，臂骨的使用频率较高，这些骨组织的密度会受到人体四肢使用频率的影响。如果一个人在年轻时经常运动，上了年纪后运动量减少，那么骨密度会随之降低，骨骼形态也会随之发生变化。然而，由于锁骨本身是无法运动的，所以其密度和形态终生不变。每个人年轻时与年老后的锁骨形态基本没有差别。

由于锁骨位于人体的最前方，所以拍 X 射线胸片时不会被其他骨骼或肌肉遮挡，可以很清晰地看到它的轮廓。因此，发现失踪者遗骨时，如果能够与其生前拍摄的 X 射线胸部照片进行比对，就能够通过锁骨鉴定身份。这类似于通过比对牙科治疗记录和遗骨中的牙齿来鉴定身份。幸好 X 射线胸片是放射性照片中人们最常拍摄的一种，几乎每个人在一生中都会至少有一张留存。

通过指纹识别身份时，将指纹放大，对比个体差异点较多的区域的纹路，统计共有几处纹路特征一致。如果有多处纹路特征一致，那么就判断两个指纹属于同一个人；如果只有一两处一致，就可以判断是不同人的指纹。

将这些信息录入计算机程序，就可以还原著名美剧《犯罪现场调查》中的情景。把指纹输入电脑，系统就开始自动调用后台数据，找到目标人员之后发出"哔哔哔"的声音。我们需要手指沾着墨水按下手印才能分析指纹，与此类似，对比分析锁骨时，也一定要有 X 射线胸部照片。通过这种方法，我们又确定了一些之前身份不明的士兵，将其送回了家人的怀抱。幸好在参军前，为了确认是否患有肺结核等疾病，士兵们都被要求拍了 X 射线胸片。

# 不会说话的孩子们的代言人 ——肋骨

不久前，我们研究所的同事受火奴鲁鲁警察局的委托，调查分析一件案件中涉及的很多块小的人骨。书桌上整齐摆放着从头到脚的很多小块人骨，带来这些人骨的是一对中年兄妹，他们大致讲述了事情经过。这对兄妹在父母都去世之后，整理父母生活过的房间时，在衣柜的角落里发现了一个小箱子。他们本以为里面只装着一些老照片和信件，但打开箱子之后大吃一惊，里面装着很多块骨头。惊慌失措的两人马上向警察局报了案，警察局于是委托我所在的骨骼研究所进行分析。

调查结果出人意料。这些人骨的主人 20 颗乳牙都已经长齐，根据身高推测，死亡时是一个 2~3 岁的孩子。然而这个孩子有太多块骨骼发生了骨折，有些肋骨刚刚骨折，有些骨折过一次并已经愈合，腿骨上也有骨折的痕迹。这个孩子身上究竟发生过什么事情？

据兄妹俩回忆，他们小时候曾经有过一个弟弟，2 岁的时候被别人家领养了。种种证据表明，这些人骨的主人就是他们以为被领养的小弟弟。这个孩子其实是经不住父母长期的暴力虐待而死的，父母为了隐瞒事实，在漫长的岁月里，将孩子的尸体藏在衣柜中。这听起来实在让人不寒而栗，但他们的父母都已离世，事情只能就此了结。

　　2 岁的儿童还没有语言能力，即使遭到虐待也无法表达。就算警察对此事件进行调查，由于被害者不会说话，父母也能够轻易地逃脱法律的制裁。而且，即使孩子发生骨折，也能够迅速愈合。很多情况下，长期的暴力虐待并不会在孩子的外表留下痕迹。因此，孩子受虐致死后，父母可以编造"头部受伤""无法呼吸所以在做心肺复苏术挤压胸部时用力过猛导致死亡"等虚假证词，从而蒙混过关。然而，这种虚假证词现在已经行不通了。因为过去数十年间，作为骨骼专家的法医人类学家和医生一直共同致力于虐童案件的相关研究。

　　前面讲过，发生骨折后，原有的骨细胞死亡，新的细胞在骨折部位生长。成年人的骨重塑过程相对缓慢，骨折后需要较长时间才能愈合。然而对于正在长身体的儿童来说，这个过程快得惊人。由于产道的挤压，新生儿肩部骨折时有发生。观察其 X 射线照片可以发现，仅仅 4 周，骨骼就已经痊愈，完全没有骨折的痕迹。然而，成年人骨折后，即使经过一个多月，肩胛骨仍然不会完全愈合。由于儿童的骨折愈合速度如此之快，所以即使是被虐待导致的骨折，也可以快速愈合。这种情况下，医生很难通过 X 射线照片发现骨折痕迹。然而，骨骼专家们擅长在没有邻近软组织的条件下观察分析骨骼，进而发现细微的痕迹。肋骨替这些还不会说话的孩子们呐喊："救救我！爸爸妈妈在打我！"

## 儿童肋骨不易骨折

　　我们体内共有 12 对肋骨。肋骨前端与胸骨相连，后端与胸椎相连，合而构成胸廓，保护整个胸部。人体内的 24 块椎骨中，位于胸部的被称为胸椎，共 12 块。12 对肋骨与这 12 块椎骨左右相连。

　　肋骨保护着心脏、肺部等器官。因此，肋骨不及支撑身体重量的腿骨或臂骨坚硬。肋骨很脆弱，有时咳嗽稍微用力一点都可能导致肋骨骨折。由于肋骨的部位比较特殊，打石膏很有难度，所以除非是很严重的骨折，否则一般情况下只需要静养，一段时间之后就会自动愈合。

　　但是，对于成年人来说无关痛痒的肋骨骨折，对儿童的情况就不一样了。因为肋骨骨折最容易发生在被成人虐待的儿童身上，尤其是不满 2 岁的儿童，如果发生肋骨骨折，最先考虑的情况就是遭到虐待。这个时期的儿童由于全身都比较柔软，除非受到很严重的冲击，否则不易发生骨折。一般情况下，骨骼稍微弯曲一下就会还原。即便新生儿在出生过程中发生意外，也很难造成肋骨骨折。因此，未满 2 岁的儿童发生肋骨骨折，多数情况是成人两手用力抓住儿童，疯狂摇晃造成的。

　　通过这种方式摇晃儿童常常会造成儿童的背部骨折，而不是前方的胸部骨折。而进行心肺复苏术造成的肋骨骨折通常位于胸部，所以骨折的部位是很重要的证据。肋骨骨折后，身体表面不会有淤青，而且肋骨不像腿骨一样需要负重，也不需进行移动，所以大多数情况下儿童身体上不会出现迹象。长期遭受这种暴力虐待的儿童，即便肋骨会快速愈合，循环反复的外伤也会最终在 X 射线照片中呈现明显的骨折痕迹。刚刚来到这个世界的生命却要在成人的暴力和虐待中煎熬，想想就令人心痛。

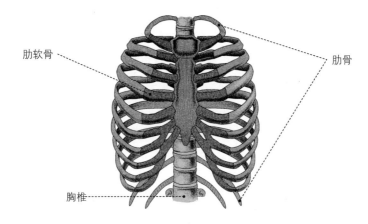

肋软骨

肋骨

胸椎

**肋骨** 肋骨连接胸部前侧与背部的脊椎骨，包围着整个胸腔。位于胸部的脊椎称为胸椎，12 对肋骨与这 12 块椎骨左右相连。位于肋骨与胸椎之间的肋软骨具有保护器官、缓和外部冲击的作用。由于肋骨的功能在于保护心肺器官，所以它不及支撑身体重量的腿骨或臂骨坚硬

## 通过骨骼的恢复速度判断真相

在虐童事件中，仅次于肋骨的常见受伤部位是腿骨下端出现的外伤。成人抓住儿童的腿在地上拉着走，或抓着腿转圈，都会使儿童的腿部发生微小骨折。如果反复进行这种行为，儿童还没有完全发育的骨间生长板末端部位就会由于微骨折导致断裂。除非有抓住此处的外部力量，否则很难造成这种外伤。即使不敢相信会有人如此残忍地对待儿童，但通过每年的报告可以看到，这种虐童事件远比想象中的更多。

除了肋骨骨折和腿骨下端骨折，通过骨折的恢复速度也能判断儿童是否遭受过虐待。如前所述，除非受到很严重的冲击，否则儿童的骨骼

是不会轻易骨折的。一般情况下，骨骼稍微弯曲一下就会还原。如果父母说孩子从床上掉下来导致胳膊和腿部骨折，此时就要留意了。当然，现实生活中，孩子确实有可能发生骨折。但如果仅是从床上掉落导致的臂骨和腿骨同时骨折，那么两处的恢复速度应该基本一致。然而，如果两处恢复速度存在明显差异，就能够证明两处骨折属于不同伤害。也就是说，父母在说谎。

尽管如此，通过骨骼表现的痕迹判断儿童是否受虐待时，仍需谨慎。因为不能排除儿童真的是因意外事故导致的受伤，或先天性疾病导致骨骼出现问题。如果将父母误判为虐童罪，那么对一个家庭来说无疑是灭顶之灾。尤其是不能将患有佝偻病或成骨不全症的儿童骨折错误地当作虐待儿童的证据。

目前，国外已经有很多医生和法医学家专门从事儿童虐待的研究，但很遗憾，韩国的相关领域研究还没有真正展开。我在学界论文中看到一些还不会说话的孩子被虐待致死的事件，作为年幼女儿的妈妈，更是心痛。骨骼专家能够做到的仅仅是帮助还不能讲话的孩子澄清冤死的真相，希望能用这绵薄之力抚慰孩子们的在天之灵。

# 能够判断人种的骨——颧骨

　　不知不觉，我移居美国已经有十多年了。提着两个大大的手提包踏上留学之路时的情景还记忆犹新，时间真如白驹过隙。我已经渐渐习惯了美国生活，偶尔回到韩国发现随处可见的整形广告时很是新奇。当然，美国也有人接受整形手术，但是不会像韩国一样，在路边做广告牌宣传。其中，脸部整形的广告尤为吸引我的注意。有一次，我坐地铁时看到所有广告栏中都贴着相同的广告："您不喜欢凸起的颧骨和有棱角的下巴吧？来××整形医院打造美丽的V字脸吧！"我不自觉地伸手摸了摸自己的颧骨和下巴，确实很高、很有棱角。但不管怎样，这是要削骨的手术，像我这种只要看到针头就会冒冷汗的胆小鬼，想想那种手术就害怕。

　　两侧颧骨凸起是亚洲人的典型特征。面部是我们全身中受环境影响最小的部位。手臂、腿部以及全身的体型可以通过肌肉锻炼增大，头部形状也会因年幼时仰卧或侧卧的睡姿而发生改变，但面部却不会因此而变化。无论做怎样的面部运动，低鼻梁也不会变高，单眼皮也不会变成双眼皮。

　　由于颧骨存在这种特征，人们通常通过颧骨区分人种。美国田纳西大学法医人类学研究所的威廉·巴斯教授（1928—　）在他作为人类骨骼研究指南广为流传的著作 *Human Osteology: A Laboratory and Field Manual* 中，讲述了通过人类骨骼区分人种的方法："把铅笔水平放在鼻孔下，铅笔和颧骨之间可以轻松伸进一根手指的就是白种人，否则就是亚洲人种。"虽然巴斯教授提出的区分人种的方法过于简单，但从另一个角度看，确实说明亚洲人种的颧骨与白种人的相比更向两侧凸出。

人类头部由 22 块骨骼构成，包括组成头部轮廓较为宽大扁平的 8 块骨，以及位于眼、鼻、嘴部位的共 14 块小型骨。从正面看头骨，可以看到眼部有两个较大的洞。这个部位称作眼眶，是眼球所在的位置。眼眶左右各有 7 块骨，它们之间紧密连接，结构很复杂。"请顺时针排列构成眼眶的骨结构"，这是我在教学时喜欢出的一道考试题。7 块骨中，外侧壁的骨最厚，并且坚固，这种结构是为了保护眼部重要神经系统不受外部冲击的伤害。颧骨是构成眼眶外侧结构的两块骨之一。颧骨从两侧的眼眶外下方开始，向后 90 度延伸至耳部方向，逐渐变小。

如果你把手放在颧骨旁，同时张嘴，就会感受到每次张嘴时，下颌骨与颧骨附近的肌肉会随之运动。这部分肌肉是被称作"咀嚼肌"的肌肉群的一部分。人类和其他动物都靠食物生存，咀嚼功能尤为重要，所以咀嚼肌很发达。

咀嚼肌由很多块肌肉构成，包括从下颌骨到颧骨内侧的肌肉，以及连接颧骨内侧和头骨侧面的肌肉。在动物中，马以纤维质含量较高、难于咀嚼的草为主食，所以它们连接下颌骨和颧骨内侧的咀嚼肌比人类的更大且更坚韧，因此马的下巴才能够轻松地左右移动。

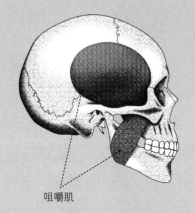

咀嚼肌

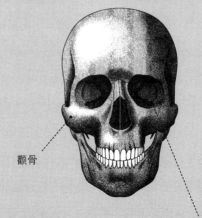

颧骨

眼窝：由7块骨构成

**人类的头骨及咀嚼肌** 从正面观察人类头骨，能看到包围眼球的两个较大的洞，称为眼眶。颧骨是构成眼眶外侧结构的两块骨之一。颧骨从两侧的眼眶外下方开始，向后90度延伸至耳部方向，逐渐变小。

对于人类和其他动物，位于下颌骨与颧骨附近的咀嚼肌是在咀嚼食物时尤为重要的肌肉群

# 脸上的戏法大师——颧骨

胎儿 8 周大时，颧骨以 3 块分离的软骨形式开始形成。大概 20 周前后，3 块软骨全部连接，形成成人的颧骨形状。颧骨不仅连接咀嚼肌，也连接着将嘴角向两侧上扬的肌肉，所以对面部表情的形成具有重要作用。

随着了解的深入，人体内的 206 块骨骼都愈显神秘。其中，又小又薄的颧骨参与着哭、笑、咀嚼等活动，更是令人感叹。如果面相给他人以固执强势的感觉，人们就会想通过削颧骨进行整形。我很好奇怎样通过手术调整颧骨的形状，所以浏览了整形外科医院的主页。磨颧骨手术通常从头皮或口腔内切口，分离颧骨后，将颧骨向内推移或旋转，以改变颧骨角度。人们真的会为了缩小颧骨而忍受如此的疼痛吗？每个人都有自己的审美标准，也会或多或少存在某些情结，所以我理解那些为追求美丽而勇敢接受削骨手术的人。

然而，作为人类长期进化的产物，我认为亚洲人种的颧骨形状很美，在美国生活后更是强化了这种想法。在我眼中，相比于白色皮肤，黝黑的肤色更美。与我们不同，白种人的颧骨向脸颊方向旋转，不向外凸起。在他们眼中，高耸的颧骨更美。美国时尚杂志或美容相关的网站上，随时都能看到介绍如何使颧骨更为突出的化妆方法，甚至还有很多颧骨填充手术的相关信息。那些在我们眼中平淡无奇的亚洲演员能够在好莱坞大受欢迎，也正是因为人们对美的认知不尽相同。看来，渴望得到自己没有的东西是人类的一种自然欲望。

多年后的人类学家从韩国的墓地中发现做了磨颧骨手术的人的

遗骨时，不知他们给出的人种鉴定结果会是怎样的。削骨后需要重新连接，所以手术部位留下外伤痕迹的概率很大。如果多年后又开始以高颧骨为美，那时的人们看着我们的遗骨可能会想，每个时代的审美观真是千差万别。就像现在在我们眼中，唐代美人杨贵妃也没有那样惊艳。

# 美丽的S形曲线内幕——脊椎骨

考古学遗迹中出土的人类骨骼全部是遗骸，但出乎意料的是，很多人都会忘记这个简单的事实。统计现在韩国居民年龄的分布状况可知，从儿童到老人呈正态分布。然而分析遗骨并判断死亡年龄后，将资料绘制成图表，呈现的曲线正好相反，因为死亡的大多数是儿童和老人。

如果大家有机会去公墓，仔细观察墓碑就会发现，虽然也有少数人是年轻时意外死亡的，但大多数都是年迈离世的。以 2014 年韩国墓碑上刻下的年龄为原始数据计算年龄分布可以发现，大部分死者的年龄在 65 岁以上，其他年龄段的比例相对很小。如果以这个结果为基础，日后的考古学家推断"2014 年的韩国人口 80% 为 65 岁以上的老人"，那么就与事实不符。因此，通过遗骸还原当时人类社会的形态时，要格外注意。

在首尔一带进行城市改造而挖掘土地时，发现了很多人类的遗骨，这并不意外。具有 600 年悠久历史的首都首尔附近，从古代开始就有很多人在此生活，他们的墓地自然也分布于此。以前挖掘出人类的遗骨后，一定会送去火化，进行火化处理时，每处坟墓都要支付一定的费用。因此，为了争取到更多的坟墓，火葬场之间的竞争也很激烈。

根据韩国现行法律，发现死者遗物时，不能直接扔掉，而需要根据文化财产管理法的相关规定进行处理。此外，研究基金会的考古学家还需要认真整理报告。然而，由于人类遗骨不属于文化财产的范畴，所以可以直接火化。站在研究者的立场上看，直接将人类的遗骨火化而不进行任何研究，太可惜了。

人类的遗骨是当时的人们留下的生活痕迹，所以其研究价值甚至高于历史资料或考古学遗物。生活在朝鲜时代的不同性别或不同身份的人的身体状态是否有差别，当时人们有多高、患有哪些疾病，这些问题的答案都隐藏在遗骨中。与考古学遗迹中出土的陶器被完好保存一样，人类的遗骨作为考古学资料之一，也需要得到系统的研究分析。当然，针对人类遗骨的分析并不是完全没有，也有一些考古学家在挖掘现场出土遗骨时，会联系像我一样的骨骼学家对其进行研究分析。

## 朝鲜时代的人也曾患有退行性关节炎

分析朝鲜时代人类的遗骨时，能够看到大部分人生前曾遭受生理痛苦的痕迹。在医学发达的今天，仍有很多人受腰部或肩部疼痛的困扰，可想而知，朝鲜时代人们的情况会更糟糕。看他们的遗骨就能得知，韩国人的祖先也备受腰部、膝盖、肩部酸痛的困扰。我们经常可以在朝鲜时代的人类遗骨中发现退行性关节炎的痕迹。关节炎泛指所有骨与骨接触处的关节部位由于炎症或其他原因导致疼痛的疾病，包括骨关节炎、类风湿性关节炎等多种类型。

其中，人们最常患的关节炎是退行性关节炎。骨与骨接触的部位长有软骨，软骨使两块骨之间不直接接触，关节能够灵活自如地活动。然而，随着年纪的增长，软骨逐渐发生磨损，关节开始出现疼痛，这就是我们所说的退行性关节炎。骨之间直接接触，带来的疼痛可想而知。除了朝鲜时代的人类遗骨，各种考古遗迹出土的人类遗骨中，都能够经常发现退行性关节炎的痕迹。更有甚者，骨与骨之间的软骨全部退化，骨之间持续直接接触，关节部位的骨已经被摩擦光滑。如果未患有退行性关节炎，那么人的年龄越大，骨的边缘越是不光滑，会变成尖形。我们把这种现象形象地比作在骨上长出的刺，将之称为"骨刺"，这种尖形的骨在脊椎骨上尤为常见。

每块脊椎骨之间都有宽度相当于 1 元硬币直径的软骨，这些软骨称为椎间盘，能分散脊椎骨的负重，使背部能够灵活自如地活动。年轻人的每块脊椎骨间距固定，椎间盘有 3~4 枚硬币的厚度。而人上了年纪之后，骨骼之间的距离会明显缩小，有时甚至缩减到只有 1 枚硬币的厚度。此外，椎间盘上下的邻近骨骼上会长出尖状的骨刺。人们常说老年人的身高会变矮，其实就是因为脊椎骨和椎间盘的厚度都缩小了。我丈夫的身高和我差不多，据他说，这也是脊椎骨厚度缩小的结果，在遇见我之前他还是蛮高的。丈夫对我说："信不信由你。"

从上向下观察位于脊椎骨之间的椎间盘，可以发现其大体由两部分组成：外围的纤维环形状类似树木的年轮，呈同心圆的纹路；中间的髓核由质地较软的胶状体构成。人年轻时，位于椎间盘中间的髓核水分含量高，富有弹性，所以外界的冲击对脊椎骨的伤害程度小。然而随着年纪的增加，椎间盘髓核中的水分含量变少，弹性变差，一些较小的冲击或反复的动作都能引起外部的纤维环破裂。这会导致内部的髓核外露，刺激周边神经组织，产生疼痛。这种疾病叫作"椎间盘突出"。在脊椎骨中，位于腰部的腰椎最容易发生病变，其次是位于颈部的颈椎。

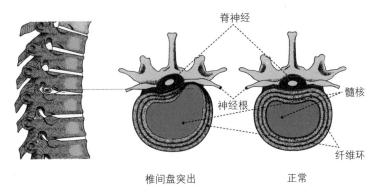

脊神经

神经根

髓核

纤维环

椎间盘突出　　　　　　正常

**椎间盘突出与正常状态的椎间盘截面**　每块脊椎骨之间都有宽度相当于 1 元硬币直径的软骨，这些软骨称为椎间盘，分散脊椎骨的负重，并使背部能够灵活自如地活动。

人的年纪越大，椎间盘髓核中的水分含量越少，弹性变差，一些较小的冲击或反复的动作都能引起外部的纤维环破裂。这会导致内部的髓核外露，刺激周边的神经组织，产生疼痛

# 骨粘连会引发病变

时间慢慢过去，当软骨全部消失，只留有骨骼时，很难准确判断死者生前是否患有椎间盘突出。然而，如果骨骼表面并不光滑，脊椎骨变形呈扁平状，则可据此推断，死者生前受到了病痛的折磨。通过遗留下的骨痕迹，对亡者曾患有的疾病进行研究的学术领域叫作"骨病理学"。在骨病理学中，一种相对更经常发现的疾病就是被称作"弥漫性特发性骨肥厚症"（DISH, diffuse idiopathic skeletal hyperostosis）的脊柱疾病。这个病听起来很可怕，但在老年人中很常见，几乎每 10 名老年人中，

就有 1 名患有这种疾病。如果老年人因出现腰痛或身体僵硬的症状去医院治疗，多半都会被诊断为该疾病。

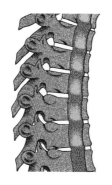

**正常状态（左）与弥漫性特发性骨肥厚症（右）的腰椎形状差异** 患有弥漫性特发性骨肥厚症时，会出现 4 块以上脊椎骨粘连的现象。脊椎骨互相粘连在一起，脊柱形状看上去像淌着烛泪的粗蜡烛。但其实与其他关节炎相比，弥漫性特发性骨肥厚症的疼痛并不算严重

　　人体共有 24 块脊椎骨，7 块分布于颈部、12 块分布于背部、5 块分布于腰部，从上到下整齐排列。如果没有肌肉只留下骨骼，那么这 24 块骨头应各自分离。但如患有弥漫性特发性骨肥厚症，就会出现 4 块以上脊椎骨粘连的现象。但神奇的是，此时脊椎骨之间椎间盘的空间维持原状，并没有缩小，也不会观察到很多骨刺，骨密度也并不会下降。此时的脊柱形状看上去很像淌着烛泪的粗蜡烛。看到脊椎骨相互粘连的样子，就能够想象到死者生前曾遭受过的剧烈疼痛。但实际上，与其他关节炎疾病相比，这种病的疼痛并不算很严重。人们目前还没有发现引发弥漫性特发性骨肥厚症的原因。这种病的常见表现是右侧骨粘连。那么，为什么不是两侧全部粘连，而只有右侧粘连呢？答案不在于骨骼，而在于大动脉。每当心脏通过大动脉传输血液时，后者都会有力地跳动。由于大动

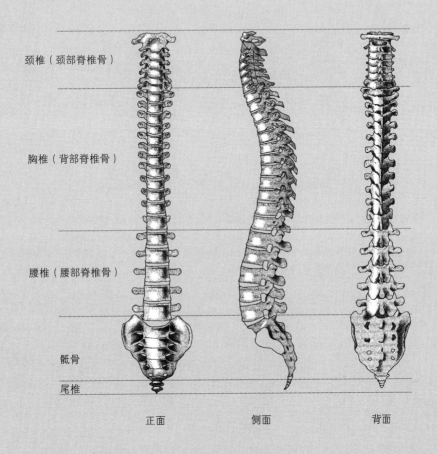

颈椎（颈部脊椎骨）

胸椎（背部脊椎骨）

腰椎（腰部脊椎骨）

骶骨

尾椎

正面　　　　　　　侧面　　　　　　　背面

**脊椎骨**　人体共有 24 块脊椎骨，7 块分布于颈部、12 块分布于背部、5 块分布于腰部，从上到下整齐排列。腰部脊椎骨下方有一块成人手掌大小的骶骨。骶骨上方与脊椎骨相连，左右两侧与臀部的骨盆相连。人刚出生时，骶骨分为 5 块扁平的脊椎骨；从青春期开始，5 块骨头开始连接，直到 30~35 岁才全部相连，融合为一块骶骨

脉从脊椎骨的左侧经过，所以得益于这种刺激，左侧的脊椎骨不易发生粘连。

与病情相对轻微的弥漫性特发性骨肥厚症不同，患病人数只占韩国全部人口不到 1% 的强直性脊柱炎则是一种极其严重的疾病。目前，韩国患有强直性脊柱炎的患者超过 30 000 人，发病年龄主要集中在 20~50 岁。腰部脊椎骨下方有一块成人手掌大小的骶骨。骶骨上方与脊椎骨相连，左右两侧与臀部的骨盆相连。人刚出生时，骶骨分为 5 块扁平的脊椎骨；从青春期开始，5 块骨头开始连接，直到 30~35 岁才全部相连，成为一块骶骨。因此，也有人将骶骨视为脊椎骨的一部分。

强直性脊柱炎的病症大致从骨盆与骶骨相连的关节处开始，沿着脊柱向上扩散。强直性脊柱炎病变的表现为：被强健韧带包围的脊椎骨产生炎症，韧带与脊椎骨、椎间盘的纤维环相互粘连。这样互相粘连的脊椎骨看起来像每节微微突出的竹子，所以也被称为"竹节脊柱"。

强直性脊柱炎会影响全身，病情更为严重。眼部炎症是比较常见的一种症状，炎症甚至会扩散到下巴甚至肩膀。因此，强直性脊柱炎患者从年轻时开始，就要忍受极大的痛苦。虽然目前尚未发现明确的发病原因，但与弥漫性特发性骨肥厚症不同，强直性脊柱炎的发病较多受遗传因素的影响。人们在很多强直性脊柱炎患者体内发现了名为 HLA-27 的遗传基因，由此可推测，它是发病的一个重要原因。然而，并非所有 HLA-27 阳性患者都会发病，因此，强直性脊柱炎的准确发病原因至今还是一个未解之谜。

# 孕妇为什么不会向前倾倒?

孕妇怀孕之后,体重增加,腹部明显凸起,那么她们是如何保持身体平衡,不向前倾倒的呢?

自人类在地球上出现以来,妊娠和分娩这项活动已延续了数百万年。孕妇如何在数月期间,在腹部凸起的状态下,保持腰部不受到伤害呢?为了寻找这个问题的答案,2007 年,美国的人类学家对此进行了交流探讨。哈佛大学与得克萨斯奥斯汀大学的学者们考虑到男女骨盆形状的差异,建立了"男女脊柱底部的 5 块腰椎也具有差异"的假说,开始以孕妇为对象展开研究。

在各种母婴论坛中,可以经常看到刚刚怀孕的准妈妈们问"到底什么时候腹部开始凸起呢?"之类的问题,下面也通常会有类似"不要担心,过一段时间自然会凸出来,大到你自己都不敢相信"的回复。事实上,怀孕初期,孕妇的腹部几乎没有变化,但到后期,孕妇就会发现,腹部每一天的大小都会有所增加,速度惊人。此时,身体的前侧要承担相当的重量,而整个身体还要维持重心平衡。很明显,如果此时身体前倾导致摔倒,后果不堪设想。

为了保持身体平衡,重心需要位于腰椎正下方。对于没有怀孕的女

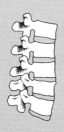 

**男性腰椎（左）与女性腰椎（右）的差异**　男性的 5 块腰椎骨中的末端两块骨，会轻微向身体下方，也就是脚的方向倾斜，并与骨盆相连。而女性的 3 块末端腰椎骨均以更明显的角度向下方倾斜。因此，无论是平时还是怀孕末期，这种腰椎结构都能够保证身体的重心位于腰椎下方

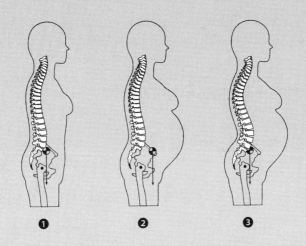

**女性的腰椎和重心**　如果女性的腰椎形状如图❶或图❷所示，几乎没有弧度，那么在怀孕期间，身体一定会向前倾。然而，女性的腰椎形状实际如图❸所示弯曲。因此，不管是否怀孕，女性都可以保持身体平衡

性，脊柱的 S 形曲线使她们的身体重心自然而然地位于腰椎下部。然而，如果腹部凸起，为了保持重心，5 块腰椎就要呈现更明显的曲线形状。因为前方腹部明显凸出，所以也就需要更明显的曲线形状以将身体重心维持在后方。因此，孕妇们走路时常常会自然而然地将背部向后仰，并用手扶住腰部。

经研究，男女的腰椎骨排列确实存在明显差异。男性的 5 块腰椎骨中的末端两块骨，会轻微向身体下方，也就是脚的方向倾斜，并与骨盆相连。而女性的 3 块末端腰椎骨均以更明显的角度向下方倾斜。因此，无论是平时还是怀孕末期，这种腰椎结构都能够保证身体重心位于腰椎下方。这项研究结果 2007 年发表在学术杂志《自然》上，同时，题为"专家发现孕妇在孕期身体不会向前倾斜的原因"的新闻在全球传播开来。

# 从鬣狗嘴下逃生的孕妇的后裔

骨骼的形状及排列影响着人体的整体机能，不会轻易改变。如果说脊椎骨的排列及角度对维持孕妇身体平衡具有重要作用，那么这种骨骼结构也就成了具备分娩功能的女性在生理上的一大优势。这种在生存上具有优势的身体形态极有可能在人类进化的早期就已出现。研究"孕妇身体不会向前倾倒的原因"的学者，以这个假设为基础，更进一步研究了人类祖先的脊椎骨。研究发现，大约 250 万年前生活在非洲的人类祖先——非洲南方古猿雄性与雌性的脊椎骨形状也存在相同的特征差异。

男女脊椎骨形状从远古时代开始就存在差异，这也说明女性脊椎骨的形状对其生存具有重要作用。让我们来想象一个场景：腰椎稍稍弯曲使得临产时也能够保持身体平衡的孕妇与不能维持身体平衡的孕妇，她们在沙漠中行走时遇到了鬣狗。那么，二人中谁会生存下来呢？我们都是那个在沙漠与鬣狗对峙中幸存下来的孕妇的后裔。因此，不用担心由于腹部向前凸起而导致身体失去平衡摔倒。

然而，即便如此，骨骼的形状也并不能完美地解决身体平衡问题，孕妇仍然会偶尔失去重心摔跟头。那么，为什么自然不能完美地构造女性的身体结构呢？进化是为了使生物体更好地适应周边环境，逐步完善其身体结构的过程。在人类尚未直立行走的年代，脊椎骨的形状与分娩没有任何关系。然而，从人类开始直立行走起，出现了之前不存在的新问题。即便如此，生物体并不会因为之前的身体结构不适应现在的生存环境，就变为完全不同的结构。因此，女性的脊椎骨结构并不会突然发生明显改变。

构成 S 形曲线的 24 块脊椎骨中，最靠下的 5 块腰椎骨位于腰部后侧的中轴线上，此处结构不会突然发生明显改变。在这种情况下，身体找到的解决办法便是，使最靠下方的 3 块腰椎骨角度倾斜，以最大限度维持身体平衡。至于是否会有其他全新的解决方案，以分散包括孕妇在内的所有人腰部及骨盆的负重，大自然至今还没有给出答案。不过，我们还是应该感激，至少自然帮我们找到了目前的解决方案，让人类能够更好地适应环境。否则，估计我们早已走上了物种灭绝之路。

# 骨盆是分娩的证据?

　　狗血剧中经常会有这样的场景:某女子隐瞒了与其他男人生过孩子的事实,与现任老公结婚后,和婆婆一起去妇产科检查。妇产科大夫当着婆婆的面对女子说:"恭喜您!您怀孕了。最近怀二胎是富裕的象征,想必您应该更高兴吧!"女子开始紧张起来,故作镇定,而婆婆听到大夫说"二胎",愤怒地逼问儿媳究竟是什么情况。我并不清楚使用超声波等妇产科检查仪器能否判断之前是否有过分娩经历或有过几次,但在分娩过程中,骨盆附近的部位会发生变形,想必医生就是根据这个特征判断的吧。那么,观察人体的骨骼形状真的能判断是否有分娩经历吗?

　　其实,从 100 多年前开始,很多人类学家和解剖学家就已经关注了这个课题。如果该假设成立,那么通过观察从考古学遗迹中发现的人类遗骨,就能够判断死者生前是否有过分娩经历,这将成为具有划时代意义的研究方法。不仅如此,鉴定去世不久的女性遗体身份时,如果可以通过骨骼形状判断其是否有过分娩经历,将对死者身份的鉴定工作提供很大帮助。于是,专家学者以美国全境所有博物馆以及大学研究所中保管的众多人类遗骨为对象,对与女性分娩联系最为密切的骨盆展开了针对性研究。

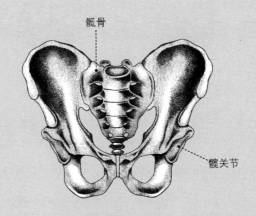

骶骨

髋关节

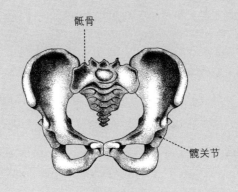

骶骨

髋关节

**男性的骨盆（上）与女性的骨盆（下）** 左右骨盆从臀部起，沿对角线向下延伸，在肚脐与生殖器之间的部位开始靠拢，两侧的骨盆相接。骨盆下方凹陷的部分叫作髋关节。从髋关节继续向下移动，左右两侧的骨盆在身体中轴线的一个点上汇合。临近分娩时，身体中分泌的激素会导致关节部位松动，以便于骨盆在分娩过程中能够最大限度地向两侧展开

与呈一字形的臂骨或腿骨等身体中的大部分骨骼不同，骨盆的形状相对特殊。左右骨盆从臀部起，沿着对角线向下延伸，在肚脐与生殖器之间的部位开始靠拢，左右两侧的骨盆相接。大家现在放下手中的书，将拇指和食指分开放在腰部，慢慢将手向下移动。当移动到肚脐偏下的位置时，可以摸到向左右两侧突出的骨骼。这个部位如果不小心碰到了桌角会很痛，这就是骨盆的顶端。

位于相同高度的臀部后侧的骨盆也很宽，但由于被较厚的臀部肌肉包围，我们无法用手摸到这部分骨骼。继续向下移动，这个过程中，手向前方，也就是腹部的方向转移。这个部位的骨盆形状与用勺子挖一勺冰淇淋之后剩余部分的形状相似，呈凹陷的圆槽形。这个圆槽形部位与股骨的上部相连，尾骨与股骨相接的这个关节被称为髋关节。该关节由坚硬的骨连接而成，同时被坚韧的肌肉包围，所以不会轻易受到外部冲击的损伤。

从髋关节继续向下移动，左右两侧的骨盆在身体中轴线的一个点上汇合。临近分娩时，身体中分泌的激素会导致关节部位松动，以便于骨盆在分娩过程中能够最大限度地向两侧展开，使胎儿的头部能够通过两侧骨盆之间的空隙。学者们正以此为线索，开始研究能否从骨盆相连的部位找到分娩的痕迹。

左右骨盆相连的部位长度与小手指的长度相同，宽度相当于两根小手指的宽度。这个部位的横截面与凹凸不平的洗衣板相似，随着年纪的增长，纹路会逐渐磨损，最后全部消失。这个特征在数十年之前已经被发现，并运用在死者年龄的鉴定工作上。然而，100 多年来，学者们都没有找到这个部位的骨骼与分娩存在关系的证据。分娩时，除了此处，骨盆的其他部位也会受到影响。因此，学者们着重研究了附着肌肉的其他骨盆部位，但仍旧没有找到分娩在骨盆中留下的痕迹。

虽然有过分娩经历的女性骨盆会发生变形，但问题是，没有分娩经历的女性，甚至男性的骨盆也有可能发生一定程度的变形。分娩过程会导致女性身体发生很多变化，但这些变化并没有深刻到能够在骨骼上留下痕迹。即便如此，过去100多年学者们倾注的心血并没有白费，因为至少证明了"无法从骨盆上找到分娩证据"。

# 一生只长一次——牙齿

教学过程中，偶尔会有学生问我："牙齿算不算骨骼？"虽然学生们直觉上认为牙齿应该不算是骨骼，但可能由于其与骨骼一样质地坚硬，形状也类似，所以经常混淆。准确地说，牙齿并不是骨骼。骨骼在折断之后能够重新生长并自然愈合，但牙齿只长一次。如果咀嚼食物时，牙齿表面折断，那么折断的部位不会继续生长。因此，此时去牙科治疗就需要把折断的部位磨平，之后使用人造材料填充。

之所以混淆牙齿与骨骼，是因为它们一样质地坚硬，外观也相似。其实，二者之间确实存在共同点，其中最大的共同点是，二者的主要成分都是羟基磷灰石。牙齿比骨骼更坚硬，其大部分成分都是羟基磷灰石。由于牙齿不具有骨骼的再生功能，生长出来就要使用一辈子，所以需要更加坚硬。我们偶尔用牙齿咀嚼鸡骨或鱼骨，甚至有人咬坚硬的核桃壳，牙齿都不会折断，正是因为牙齿表面牙釉质的大部分成分就是坚硬的羟基磷灰石。然而，牙齿遭到过度使用会产生细微的裂痕，最终断裂。

牙齿大致可分为两部分：露在牙龈外的牙冠和牙龈内部的牙根。我们刷牙时清洁的部分是牙齿表面的牙釉质。牙本质位于牙釉质的内部，牙冠和牙根中都含有牙本质。我们用手敲打牙齿时之所以没有任何反应，是因为牙冠部位没有神经或血管分布。接受牙科治疗时，磨平牙齿不会带来很大的疼痛感，也是因为牙釉质中没有感知神经组织。因此，我们常用"刮骨"来形容疼痛的程度，却没有与牙齿相关的词语。那么，为什么我们接受牙科治疗时还是会感到疼痛呢？虽然触碰牙釉质不会带来痛感，但牙本质的下面就有神经和血管。因此，如果治疗过程中碰到这个部位，就一定会引起疼痛。

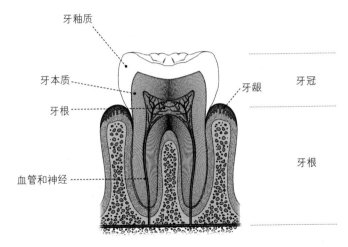

**牙齿结构** 牙齿大致可分为两部分：露在牙龈外的牙冠和牙龈内部的牙根。我们刷牙时清洁的部分是牙齿表面的牙釉质。牙本质位于牙釉质的内部，牙冠和牙根中都含有牙本质。我们用手敲打牙齿时之所以没有任何反应，是因为牙冠部位没有神经或血管分布

即便牙齿不发生断裂，在长期使用的过程中，其表面也会逐渐受到一定程度的磨损。考古学遗址出土的牙齿中，经常可以发现表面受到严重磨损的现象。尤其是死亡年龄推测在 40 岁以上的遗体，其臼齿部位严重磨损，导致本应凹凸不平的牙齿表面变得光滑，甚至被磨损得比其

他牙齿明显低矮。朝鲜时代遗迹出土的牙齿中，经常可以发现牙齿磨损严重，整个牙釉质消失，牙本质暴露在外的情况。死者生前应该忍受了不小的痛苦。（希望大家今晚刷牙的时候仔细观察自己的牙齿状况。）

　　那么，鹿、牛、马这些动物每天都要吃草，不停地用牙齿咀嚼，它们的牙齿会不会加速磨损而耗尽呢？食草动物的牙齿与人类的牙齿在形状上是存在差异的。首先，食草动物的单颗牙齿比人类的牙齿更宽、更长。由于牙齿较大，所以即使磨损速度较快，也不会耗尽。象的牙齿形似搓衣板，有三四个三角包饭那么大，而鹿的牙齿长度相当于成人的小指。

　　自古以来，马都是人类的交通工具，我们针对马的牙齿研究比其他动物的更多，因为我们需要通过牙齿的磨损程度判断马的健康状态及其年龄。在交易市场上，买家通常通过观察牙齿的磨损程度确认马的真实年龄。美国有一句俗语："馈赠之马，勿看牙口。"（Don't look a gift horse in the mouth.）这句话产生于以马为礼的年代，检查马的健康状态就好比询问礼物的价钱，是非常失礼的行为。

　　动漫作品中，每当马张开嘴发出"咴儿"的叫声时，都能看到上下两排整齐的门牙。马用嘴唇寻找合胃口的草，同时使用上下门牙将草咬断。然而，同样是食草动物，牛、绵羊、山羊、鹿、长颈鹿的上颚却没有门牙，只在下颚有一排门牙。上颚具有的是发达且坚硬，被称为"牙床"的软组织，所以这些动物也可以轻松地将草咬断。那么，为什么马有上门牙，而山羊或牛却没有呢？虽然目前还不能准确地解释这个疑问，但马和牛除了牙齿之外，本就是存在很多差异的不同物种。

# 牛和马从头到脚都不一样

与牛一样没有上门牙的动物都有多个胃，需要通过反刍来消化食物。而马只有一个胃，不需要进行反刍就可以直接将食物消化掉。马使用嘴唇品尝草的味道，而牛则使用舌头感受味道，然后用嘴将草拉断。马只有一个趾，属于奇蹄目动物（脚趾个数是奇数的动物）；而牛、山羊、鹿都有两个趾，属于偶蹄目动物（脚趾个数是偶数的动物）。这是马和牛的另一点区别。你可能会想，趾的个数不算是什么重要的特征。但通过这个特征的差异，我们可以推测，这两个不同种类的动物在漫长的岁月里，走过了两个完全不同的进化过程，才变成了今天的模样。曾经有一段时间，地球上的大部分食草动物都像马一样拥有奇数脚趾。然而，数千万年前，地球环境发生巨变，鹿或牛等偶蹄目动物的足部能够更快地适应变化的环境。因此，现在地球上生存的食草动物中，奇蹄目动物只有马和犀牛，其他全部是偶蹄目动物。可以说，地球迎来了偶蹄目动物的时代。

猪是有偶数个脚趾的偶蹄目动物，猪足部中间有两个偏大的脚趾，左右两侧又各长有一个较小的趾。下次吃猪蹄时，仔细观察一下啃完的骨头吧。你会首先看到末端有两根圆形的骨头，相当于人小手指的长度。这两根左右对称的骨头相当于人类的手掌骨和脚趾骨。现在请摸一下你的手掌和脚掌。人类的一个手掌上长有 5 根手掌骨，同样，一个脚掌上也长有 5 根脚趾骨。人类如今手掌和脚掌都长有 5 根掌骨的形态，在四足爬行动物进化史上很早就已经形成。

地球上的所有动物都曾有过 5 个趾，之后随着不同物种的各自进化，趾的个数也开始出现不同。马蹄需要支撑较重的身体重量并快速奔跑，脚趾个数从 5 减少到 3，又从 3 减少到 1，但马的一个脚趾骨比人类的 5 个脚趾骨都大。与马相比，猴子或人类的祖先需要爬树，并使用手掌抓住树枝或柱子，所以我们的 5 根掌骨都保留了下来。

人类开始使用工具之后，需要能够用手拿住工具并熟练使用，所以拇指进化为能够与另外 4 根手指相对的形态，以方便拿住物体。虽然这听起来并不奇特，但拇指与其他 4 根手指相对并能够弯曲的动物只有人类。如果不能完成这个动作，估计今天的我们都没法玩手机了。

进化是指，根据物种特征及其生存的自然环境而出现的生物学变化。我们不能因为人类依旧有 5 根脚趾骨，就将其称为原始形态，同样，也不能因马的脚趾个数从 5 减少到 1，就说马比人类的进化程度更高。进化与需要更新换代的商品不同，不管某个形态特征存在的历史有多悠久，只要对生存有利就会维持下来，不会被新的形态取代。

# 仅观察牙齿就能了解饮食习惯

我们这些骨骼专家会经常从地方警察部门收到各种案件的分析委托。这些案件大部分是人们在后院挖土时挖到了骨头，或登山时在石头后面发现了骨头。警察部门需要我们帮助他们判断，这些骨头是否是人骨。最近，得益于智能手机的普及，警察也会直接从现场发来照片。这些骨中，最容易与人骨混淆的是猪或熊的骨头。牙齿也一样。人类、猪和熊，这 3 个在外形上彼此不同的物种，其共同点是什么呢？答案就是，我们都是杂食动物。

通过观察动物的脚趾骨可以了解其如何移动身体，与此相同，观察

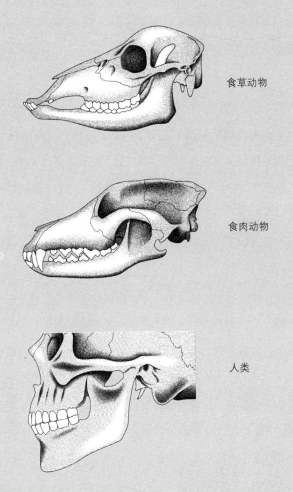

食草动物

食肉动物

人类

**食草动物、食肉动物以及人类的牙齿**　牛、绵羊、山羊、鹿、长颈鹿的上颚没有门牙，只在下颚有一排门牙。它们的上颚是发达且坚硬，被称为"牙床"的软组织，所以这些动物可以轻松地将草咬断。食肉动物需要将肉切断，所以牙齿呈较尖锐的三角形，犬齿更为发达。人类作为杂食动物的代表，牙齿可以较为轻松地咀嚼并切断食物

动物的牙齿可以推测其饮食习惯。鹿或马这些食草动物的牙齿较大，咀嚼面形似微笑表情符"=)=)"。与此相比，食肉动物需要将肉切断，所以牙齿呈较尖锐的三角形。养过狗的人应该能够很容易地联想到。杂食动物的牙齿不像食草动物和食肉动物那样，把某一机能优化，它们的牙齿能够同时较为轻松地咀嚼并切断食物。

人类的牙齿是具有代表性的例子。人类的门牙比鹿的门牙发达许多，可以将食物切断；却不及狮子的犬齿锋利，不能咬断斑马的喉管。但人类的牙齿能够满足咀嚼沙拉和肉的需求，并保证消化。人类的臼齿表面凹凸不平，猪或熊的臼齿也类似。因此，没有观察过动物牙齿的人发现这种牙齿时，会误将其认为是人类的牙齿并报警。然而事实上，猪或熊的臼齿表面凹凸不平的程度更为明显，且长度更长，专家能够马上发现不同。

熊的骨骼也与人类的骨骼相似。如果拿熊的手指骨让学生猜是什么动物的哪个部位的骨头，大部分人给出的答案都会是"人类的手指骨"。虽然熊和人是两个完全不同的物种，但仔细想想，二者之间的相同点也着实不少。熊不仅能够和人类一样将双臂伸开，并使用两腿站立，也能够像猴子一样爬树，用前掌捕捉河水中逆流而上的鲑鱼。想象一下熊猫坐在树枝上吃竹子，忙里偷闲的画面吧。人类与熊使用上臂的方式如此相似，所以臂骨的形状也很相像。

即使是现在已灭绝的物种，如果能够发现它们的骨头或牙齿化石，也可以推断其生前的行走方式以及饮食习惯。骨骼的世界真奇妙。

# 哺乳动物一生只换一次牙

人类的牙齿包括门牙、犬齿、臼齿等，具有多种形状和功能。门牙和犬齿负责将食物切断，臼齿的功能是将食物磨碎。但如果认为其他动物的牙齿也是如此，就大错特错了。鳄鱼或青蛙虽是脊椎动物，但不是哺乳动物，它们所有牙齿的形状都相同。鳄鱼口中满是"妙脆角"形状的牙齿，鱼类也是如此。这些动物不需要将食物咬断并咀嚼，只需咬住食物后直接吞下去，所以牙齿不需要具有某些特殊功能。

人的一生只有一次从乳牙换到恒牙的过程。不仅人类，其他哺乳动物也是如此。胎儿在母亲肚子里5个月左右的时候，牙齿就开始在牙床中发育。牙齿发育先从牙冠开始，经过一段时间后形成牙根。虽然从外部看不出来，但其实刚出生婴儿的牙床中已经长有牙齿。出生后6~9个月，门牙开始冒出，一直到2岁左右，20颗乳牙全部冒出。我写这段话的时候，两岁半的女儿的牙已经差不多全部长出，只少了一颗。出于好奇，我观察了一下女儿的牙齿，儿童牙齿的表面与成人牙齿相比更加凹凸不平。起初我还很不理解，但其实这都是因为以前从没有观察过乳牙。

我的牙齿已经使用了超过25年的时间，表面自然比孩子刚刚长出的乳牙磨损更多。考古学遗迹中出土的牙齿也是一样。对于熟悉这些牙齿的我来说，使用时间还没有超过1年的、"新鲜的"儿童乳牙自然很是新奇。女儿有两个研究骨骼和牙齿的爸爸妈妈，不得不随时张开嘴让我们观察。

研究发现，亚洲人的牙齿有一个显著的特征——门牙后面是凹陷进去的。我想，读这本书的朋友当中，应该没有人的门牙后面不是铲子的形状。这种形状在亚洲人中是很常见的，大家好奇的话可以摸摸自己的门牙。与此相比，欧洲人的门牙后侧都是平滑的形状，出现凹陷的人只有 10% 左右。与女儿玩耍时，我突然好奇，这种特征是不是在乳牙中也存在呢？"女儿啊，张嘴。"我试着让女儿张开嘴。但想看到门牙后面的情况并没有那么容易，结果女儿还是合上嘴跑掉了。尝试了几次，我终于确定乳牙的后面也是凹陷的。哦吼，原来亚洲人特有的铲型门牙特征也同样存在于乳牙。多亏女儿，我才有了这个新发现。

## 智齿没有跟上人类进化的脚步

每个人从乳牙到恒牙的换牙时间虽各有差异，但大致的年龄是相仿的。因此，如果发现一个还没有完成发育的人类下颚骨，就可以通过牙齿形态大致推断死者当时的年龄。但如果死者已经长好智齿，就只能推断其年龄在 20 岁以上。

长有 20 颗乳牙的儿童开始上小学时，从门牙开始逐渐脱落换牙。空着门牙哈哈大笑的孩子大约都是 5~8 岁。成年人共有 32 颗牙齿，儿童期没有长出的 12 颗牙齿是后期长出的。这 12 颗牙齿分别长在口腔上下左右的最后，每处各 3 颗，叫作大臼齿。

我们会自然地想到，乳牙掉落，恒牙从乳牙的位置上长出来之后，大臼齿才会长出。但实际上，大部分乳牙没有脱落的时候，第一颗大臼齿就已经从牙床中长出来了。因此，也可以说，第一颗长出的大臼齿是我们一生中磨损最久的牙齿。在这一点上，我们和鹿等其他动物是相同的。观察从考古学遗址中出土的鹿的牙齿可以发现，与其他恒牙相比，第一颗长出的大臼齿通常会受到更多磨损，甚至会有神经露出。

虽然孩子进入小学后才开始长恒牙，但实际上，婴儿出生 6 个月左右的时候，恒牙的牙冠就已经开始在牙床里发育了。拍摄儿童下颚骨 X 射线照片可以发现，乳牙下面的牙床中有恒牙。大部分儿童小学毕业时，乳牙会全部掉落，除口腔最内侧的智齿外，其他恒牙全部长出。

在韩语中，由于智齿是在情窦初开的年纪长出的，所以将其称为"爱情齿"[①]。在英语中，智齿是在开始领悟人生智慧的年龄长出的，因此叫作"智齿"（wisdom tooth）。智齿是口腔最内侧的第三颗大臼齿。

智齿在牙床中生长缓慢。从 10 岁起，智齿开始发育，通常在 20 岁左右才长出牙床。很多人会因智齿长出的方向歪斜或横向生长而遭受很多痛苦。就算智齿正常长出，由于很难在刷牙时清洁到最里面的角落，有人也会直接拔掉。我的智齿只长出了 3 颗。有些人的智齿虽然没有露出，但长在牙床里，而从 X 射线照片看，我的牙床里也看不到智齿。先天没有门牙的人比较少，但少几颗智齿的人还是比较多的。这是为什么呢？

古人类学家路易斯·利基和玛丽·利基夫妇发现了很多重要的原始人类化石，对人类学界的研究发展做出了重大贡献。1959 年，他们经过 30 年坚持不懈的挖掘工作，终于在非洲坦桑尼亚奥杜威峡谷发现了头盖骨。起初，路易斯·利基很兴奋地将这块几乎完整保留的头盖骨视为人类直系祖先的遗骨。但仔细观察后发现，它虽然与人类的头盖骨很相似，但绝对不属于人类。

这块头盖骨中的牙齿大得惊人，尤其是臼齿，足足有普通人臼齿的

---

① "智齿"的韩语为사랑니，即사랑（爱情）+이（牙齿）的变形。——编者注

两倍。除此之外，它的下颚骨尤为坚固。这块化石的主人被称为 "傍人"（Paranthropus），据推测，他们生前主要食用核桃之类的坚硬食物。这些生活在远古的人类祖先能够通过坚固的牙齿咀嚼生硬食物。

大约 1 万年前，地球各地的环境开始出现巨大变化。以中国和中东地区为中心，农耕文明开始出现。此前各处游荡，以树上的果实以及猎获的动物为食的人们，不知因何开始在一处停留并定居下来。他们居住在一个地方，播种土地并收获粮食。不仅如此，曾经捕猎野生动物的人类开始饲养狗、猪、牛等家畜。随着生活方式的变化，他们的饮食习惯也发生改变。由于长期定居一处，人类自然而然地开始使用烹饪设施，通过不同方式加工食物后食用。比起野果，农事收获的小麦、大米更为柔软。同时，将蔬菜或肉类通过蒸、炒或煮的方式弄熟，会更便于咀嚼。随着人类主食的改变，负责咀嚼的肌肉及牙齿也开始发生变化，人类已不再需要巨大的牙齿和坚固的下颚骨。

农耕文明开始后，人类的下颚骨逐渐缩小。智齿就是在人类进化过程中逐渐退化的牙齿。有意思的是，这种类似的进化现象在人类饲养的动物中也存在。人类和动物一起生活的过程中，开始朝着相似的进化方向演变。在我们发现的远古人类化石中，智齿倾斜或缺失的现象极为少见。智齿反映的这个问题说明，人类身体的进化速度尚不及饮食习惯的变化速度。

# 三代人传承的事业：
# 在非洲找寻人类祖先的化石！

路易斯·利基（1903—1972）
玛丽·利基（1913—1996）
照片出处：史密森学会 @Flickr Commons

路易斯·利基出生于英国传教士家庭，当时他的父母在肯尼亚内罗毕附近一个名叫基库峪的部落居住。由于肤色白皙，路易斯·利基从小很受关注。他童年与基库峪的孩子们一起玩耍，熟练掌握了英语和该部落的语言。回到英国之后，路易斯·利基于1926年在剑桥大学获得人类学和考古学学士学位。但他无法适应英国的古板文化，毕业后重新回到非洲，在坦桑尼亚奥杜威峡谷定居，开始了寻找人类祖先的探索之旅。

当时，学术界普遍认为人类祖先"理所当然"是相对"优越"的白种人，所以应在白种人居住的欧洲地区寻找祖先化石。而路易斯·利基虽长着白种人的容貌，内心却认为自己是肯尼亚人，深爱着非洲这片土地。他坚信在非洲能够找到人类祖先的化石，凭着这坚定的信念，利基在奥杜威峡谷坚持了数十年。

路易斯·利基的夫人——玛丽·利基从小跟随父母在欧洲各地旅行。在法国参观考古学遗迹之后，她下定决心进行地质学和考古学的学习研究。有一些固执的玛丽为了把决心变为现实，开始精细描绘考古学遗迹的挖掘过程及出土遗物，与路易斯·利基的相遇也缘于考古学插画。二人于 1936 年结婚，与性格似火、精力丰沛的路易斯·利基不同，玛丽·利基即便对待子女也冷静自持。二人性格如此不同，不知他们如何在漫长的岁月中，在偏远的山谷里互相依靠，日复一日地在烈日下挖掘化石。

路易斯和玛丽虽将寻找人类化石作为首要目标，但也精心整理、分析了挖掘中发现的石器。因为通过石器，可以推测数百万年前非洲的人类祖先以何种方式生活。思维缜密的玛丽每晚在昏暗的烛光下，通过插画的形式描绘石器。经过十多年的探索，玛丽·利基在 1948 年发现了 2000 万年前生活在非洲东部的黑猩猩和大猩猩的祖先——Proconsul 化石。它虽然不是利基夫妇致力于寻找的人类祖先化石，但这种类人猿化石是之前没有发现过的。玛丽·利基并没有就此停止。在他们野外探索的将近第 30 个年头——1959年，玛丽·利基发现了 175 万年前的人类祖先东非人（Zinjanthropus）化石，现在称为南方古猿（Australopithecus）或傍人。

路易斯和玛丽经常带着孩子们一起探索，精力旺盛的 3 个男孩子也喜欢跟着父母一起外出。1960 年，大儿子乔纳森·利基发现了能人（Homo habilis）的骨骼化石。对发现的骨骼化石进行整理、记录则是玛丽的任务。玛丽冷静缜密的性格正适合进行野外探索活动，以及资料的收集与整理。相较之下，路易斯精力旺盛却缺少耐心，所以他在全球各地进行演讲，为研究募集资金。一些美国人被他的演讲所打动，于 1968 年成立了利基基金。基金成立的目的不仅是为利基夫妇的研究提供资金支持，更是为年轻人从事相关研究提供物质援助，推动人类起源研究的发展。利基基金逐渐壮大，如今还在为古人类学的研究提供大量资金。路易斯·利基在1972年前往伦敦演讲的路上，由于心脏病不幸离世。

丈夫离世几年后，玛丽重新开始了探索活动。此次的探索地点位于距离奥杜威峡谷50千米以南的利特里地区，她在此收获了令人震惊的发现——300万年前生活在非洲东部地区的南方古猿阿法种（afarensis）的足迹。人类祖先的骨骼演变为化石被发现的概率本就不高，相比之下，在稀软的火山灰中留下的祖先足迹经过数百万年仍能完好保存并被发现，是相当令人震惊的事情。玛丽·利基于1983年结束了在奥杜威峡谷数十年的生活，与她的达尔马提亚犬一同移居内罗毕。玛丽连高中都没有毕业，却凭着惊人的毅力和热情成为了享誉全球的人类学家。她于1996年去世，享年83岁。

跟随父母投身于化石研究的3个儿子中，只有二儿子理查德·利基（1944— ）继承了人类学事业。他与妻子米薇·利基（1942— ）一起在非洲东部进行人类化石的探究活动。他们相继在埃塞俄比亚奥莫、肯尼亚库彼福勒和西图尔卡纳等地发现了直立人（Homo erectus）、匠人（Homo ergaster）等远古人类祖先的大块化石，传承了父母在考古学界的声誉。然而，1989年理查德被任命负责肯尼亚国家公园野生动植物保护工作之后，离开了人类学领域，将精力集中在制止偷猎行为以及野生动物保护上。1993年，理查德·利基乘坐的螺旋桨飞机由于不明原因发生故障，导致他在这次事故中失去双腿。有传言说，当地走私贩卖象牙的团伙受到重金处罚，所以对理查德怀恨在心，对飞机发动机做了手脚。此后，理查德以政客身份在肯尼亚活动，2002 年受邀成为纽约州立大学石溪分校人类学教授，重新回到学术界。他担任系里管辖的图尔卡纳盆地研究院院长，妻子米薇·利基现任研究院研究教授。米薇·利基于 1999 年在图尔卡纳湖发现了生活在 350 万年前、面部扁平的人类（Kenyanthropus platyops，学名肯尼亚平脸人）化石，再次代表利基家族为考古学界做出贡献。

理查德和米薇的两个女儿中，大女儿路易丝·利基（1972—　　）出生仅 50 天，就随父母一起在图尔卡纳勘察现场生活。她像极了她的祖父和父亲，走到哪里都备受瞩目，而且继承了家族的人类化石探索研究事业。在父亲遭遇飞机事故并由母亲照看期间，刚过 20 岁的路易丝就代替父母指挥着当地的野外探索活动，并立志成为人类学家。虽然"利基"的姓氏给她带来了极大的负担，但跟随母亲发现肯尼亚平脸人化石那个瞬间的喜悦，一直鼓舞着她对人类考古学满怀热情。路易丝与比利时王室的灵长类学家结婚，育有两女。学术界好奇地关注着，利基家族的声誉还会通过谁传承到何时。

# 软骨中没有"骨"

　　有很多人羡慕我生活在夏威夷，觉得这里是人间天堂。夏威夷可以与人口不过百万的济州岛媲美。四季如春的气候、凉爽的风、如壁纸般美丽的蓝色天空、海天相接的美景，这一切成就了夏威夷无与伦比的美丽。在夏威夷，人们的生活节奏很慢，慢慢处理公文，慢慢办理银行业务。对于在"光速"的首尔长大的我来说，夏威夷过慢的生活节奏虽然有时会让人有些郁闷，但出差首尔的 10 天之行让我开始怀念起安稳幽静的夏威夷。

　　夏威夷当地新闻报道过游客在海上冲浪被鲨鱼攻击而受伤的事故，看过这些报道，人们多半会认为鲨鱼是一种很危险的动物。然而，从鲨鱼的立场出发，它们也很委屈。每年有 800 万游客去夏威夷游玩，即使加上夏威夷当地居民，受到鲨鱼攻击的人每年也只有 2 人左右，实际被鲨鱼咬伤致死的人更是少之又少。

　　让我们暂时站在鲨鱼的角度上思考这个问题。一直在海底寻找食物的鲨鱼游上来，将头露出海面。此时，它看到了海面上游动的海豹的轮廓。"哟吼~"鲨鱼迅速浮上海面，一口咬住了海豹。嗅觉并不灵敏的鲨鱼会先把食物咬住，然后判断食物是否可口。"哎呀？这不是海豹的味道呀?"于是鲨鱼把咬到的食物放掉,去寻找真的海豹。实际上,被鲨鱼误当作海豹的是趴在冲浪板上挥动双臂,在平静的夏威夷海面上冲浪的男子。由于阳光向下射入海面,鲨鱼逆光从下向上看到露在冲浪板外的男子四肢,那影子就像极了海豹或海龟。

鲨鱼攻击人类时,大部分都是出于这种视觉上的判断失误。而人类呢?竟然每年捕获数十万吨鲨鱼。这些鲨鱼被运送到很多国家,做成珍稀美味的鱼翅端到餐桌上。鲨鱼的其他身体部位不值钱,市场需求少,人们便用刀切掉鲨鱼鳍之后,将其重新扔回海中。这种只剩下躯体的鲨鱼即使回到大海也不能游泳。

可能有读者会想,人类为了吃肉能屠宰牛或猪,为什么不能吃鲨鱼?家畜是人类数千年来以食用为目的驯化的动物,而鲨鱼在维持海洋生态平衡上具有重要作用。但人类为了吃鱼翅打破了长期的生态平衡,这很危险。美国从2010年至今,在包括夏威夷的10个州全面禁止鲨鱼鳍交易,其他州也逐渐参与进来。另外,从2011年开始,美国已经开始实施相关法律,只允许有鳍的鲨鱼进关。

我小时候在新加坡住过一段时间,那时喝过几次鱼翅粥。软而有筋的鱼翅其实本身并没有什么特别之处,但口感较好的鱼翅与其他食材搭配出的鱼翅粥味道独特,使人印象深刻,久久难忘。其他鱼类也都有鳍,为什么只有鲨鱼鳍在饮食界得到了如此高的地位?这是由于鲨鱼和其他鱼类不同,全身只由软骨构成。餐桌上常见的青花鱼的鱼身和鱼鳍上都有刺。即使像金枪鱼这种体积较大的海鲜,鳍上也是有骨的,无法切碎做出鲨鱼翅汤的口感。

# 鲨鱼全身都是软骨

地球上的大部分鱼类都由骨架支撑，而鲨鱼和鳐鱼则与众不同，它们除了牙齿之外，全身都由软骨组成。另外，与人类或老虎的骨骼不同，鲨鱼软骨状态的骨上附着多种肌肉，由于没有支撑身体的骨架，鲨鱼如果离开水，就需要承受自己的身体重量。而软骨的重量大概是一般硬骨的一半，其结构大大提升了鲨鱼在水中的移动速度。"软骨"的字面意思是"柔软的骨"，那么软骨是骨吗？

先公布正确答案：软骨不是骨。就像"老婆饼"中没有老婆一样，软骨中其实也没有"骨"。我们体内最容易被摸到的软骨就是耳朵，它很柔软，我们能够用手折弯或拉伸。至于鼻子也只有最上面的部分左右各有一块小小的骨头，大部分都是柔软的软骨组成的。韩国人冬天想吃热乎乎的汤时，经常会吃牛膝骨汤，里面软软滑滑的牛膝骨也是牛的软骨。

我们还在妈妈肚子里的时候，体内的大部分骨都是从软骨开始形成的。母体进入孕期3个月后，软骨开始变硬，逐渐形成真正的骨。

与我们体内不停进行重塑过程的骨不同，软骨几乎没有再生能力，一旦受伤，恢复速度会很慢。每次看到韩国运动员在宽阔的足球场上奋力奔跑被国外选手铲球绊倒的场景，我都会很心疼。此时如果受伤，多数都会是十字韧带撕裂。十字韧带位于连接股骨与胫骨的膝盖内部，顾名思义，呈十字形（或X形）。股骨右侧与胫骨左侧通过韧带相连，另外一根韧带与之形成十字形交叉，连接股骨左侧与胫骨右侧。如果十字韧带撕裂，它邻近的软骨也会同时受到损伤。因此，如果运动员十字韧带撕裂，很可能一年多都无法正常参加比赛，或者身体状况很差，甚至有可能不得不结束运动员生涯。如果骨骼受伤，由于其修复重塑过程很快，所以归队的可能性很大；但软骨或韧带的修复速度很慢，一旦受伤，很有可能严重影响之后的职业生涯。

# 鲨鱼死后留下的不是骨骼而是牙齿

鲨鱼全身都由软骨组成，它们最早于何时何地出现在地球上呢？鲨鱼的软骨身体结构使其体重减轻，更适合游在水中，但几乎不能留存下来成为化石。然而鲨鱼体内唯一与骨骼具有相同坚硬成分的牙齿，由于数量较多，其化石常见于远古时代的海洋地区。

在夏威夷威基基海边，经常能够看到店铺售卖鲨鱼牙齿制作的项链。为了保护大象，全世界很多地区都禁止象牙买卖，与此不同，售卖鲨鱼牙齿在很多地方都很常见。这是为什么呢？原来，鲨鱼每 7~10 天就会换一次牙，这个过程始终持续。因此，一条鲨鱼一生中可能会长数千颗甚至上万颗牙齿，使用鲨鱼牙齿制作项链也就并不罕见。从鲨鱼的嘴向里看，可以发现最靠外的正在使用的牙齿是整齐排列的，但后面的数十颗牙齿满满地排了几排。第一次看到鲨鱼口腔内部的照片时，我还以为是有人恶作剧，用 Photoshop 调整过原图。如果前排牙齿脱落，后排牙齿就会像传送带一样上前填补空缺，使鲨鱼终生都能使用新牙。

鲨鱼的祖先物种中，最为突出的是一种叫作"巨齿鲨"的大型鲨鱼。它们数千万年前开始在地球上出现，直到 150 万年前，始终生活在海洋中。它们的一颗牙齿有 15 厘米长，由此也可以大致推断其整体大小。巨齿鲨的身体约 18 米长，体重超过 100 吨，是一种体型极大的鲨鱼。根据在日本以及美国发现的化石推测，巨齿鲨的口腔内约有 280 颗牙齿。一只鲨鱼的体型大小能与鲸媲美，想来甚是恐怖。

# 角既是骨又不是骨

那是我上小学时的事了。当时，我与小两岁的妹妹聊天时，不经意间陷入了"牛有没有角"的争论。因为没有见过长着角的牛，所以我执拗地坚持牛没有角；而妹妹则认为，如果牛没有角，那么"一口气拔掉牛角"①这句俗语从何而来？最后，我们决定去向妈妈问个清楚。现在想想，作为已经上了小学的姐姐，我连牛有角都不知道，还理直气壮地嚷嚷着牛没有角，妈妈当时应该对我很无语吧。然而，妈妈说牛有角之后，我还是无法相信。因为在那之前，我从来没有亲眼见过牛，所有对牛的想象都是出于在漫画书上看到的奶牛形象。现在我看见牛的时候，还会想起当时妹妹郁闷地捶胸顿足的样子。我说过牙齿和软骨都不是骨，那么角是不是骨呢？难道是长在脑袋上的骨头吗？

然而这次的答案则有些模棱两可了。有些动物的角是骨，有些则不是，因为动物的角分为两种。山羊、水牛、奶牛所属的牛科动物，其角是头骨的一部分，牢牢地与头骨连在一起。突出在头骨之上的角外面被一层角蛋白成分包裹，就像是戴了两顶三角帽。与每年换角的鹿不同，这些动物的角一旦形成，会伴其一生。《动物世界》中经常出现的非洲

---

① 韩国俗语，意为一鼓作气、趁热打铁。——编者注

汤氏瞪羚或捻角羚等动物虽外形与鹿相似，但其实是与牛更为相近的牛科动物。捻角羚螺旋状的角、瞪羚巨大的一字形角，以及山羊的角，一旦长成将伴随动物一生。

## 误碰鹿角容易惹到大麻烦

那么，鹿的角到底有什么不同呢？英语中，牛角叫作 horn，而鹿角叫作 antler，两种角使用了不同的单词，但在汉语中都称为"角"，这难免会导致人们概念上发生混淆。与长在头上至死不会脱落的牛角不同，长好的鹿角每年都会脱落，重新生长新的角，循环往复。鹿的头部长有角的部位，左右两边各有一个突起的生长板。当漫漫冬日结束，日照时间逐渐变长的春天到来，生长板开始生长。此时的新角像还没有发育完全的胎儿的骨骼一样，由软骨组成，角的外围由柔软的毛覆盖。一直到秋季进入繁殖期，鹿角始终以这种状态持续生长。

牛的角由与人类指甲类似的角蛋白成分包裹，所以即使受到外部刺激也没有任何感觉。但鹿角就不一样了，因为鹿角在生长发育阶段，角内充满软骨以及途经的血管和神经。如果此时碰到鹿角，可能会受到鹿的攻击而受伤。所谓的"鹿血"就是剪掉柔软的鹿角时流出的血。药用的鹿茸是在鹿角比较柔软的状态时，将其像黄瓜或胡萝卜一样横切后晒干得来的。中医认为，与完成发育的鹿角下方部位相比，正在发育的鹿角顶端部分具有的生长激素较多，药效更好。事实上，虽然药效好坏不得而知，但由于鹿角是自下向上生长发育的，顶端确实是发育最为活跃的部位。

在秋季繁殖期，雄鹿会为了占有雌鹿而展开争斗。此时，角就成了它们的武器。然而前面说鹿角很柔软，那在争斗中是如何作为武器派上用场的呢？柔软又敏感的角只要受到一点外部刺激就会感受到疼痛，在这种状态下，角是无论如何不可能用于攻击其他雄鹿的。因此，在其真正派上用处的繁殖期到来之前，鹿角就开始自下而上变得如骨般坚硬。这与胎儿骨骼结构从软骨逐渐发育成坚硬的骨骼原理相同。此时，包裹在角外的毛开始脱落，变得坚硬的骨得以外露。这就是中医里药效稍低于鹿茸的另一味药材——鹿角。

雄鹿坚硬的角除了用于与其他雄鹿的争斗外，还用来向雌鹿一展风姿。繁殖期结束，冬天到来时，鹿角开始脱落，直到第二年春天新角长出之前，它们都会过着没有角的生活。在美国，有人会把鹿角捆在一起做成椅子或吊灯。这些人主要是在鹿角脱落的冬季，在有较多鹿生活的树林中翻找捡拾鹿角。

鹿角与牛角不同，有很多分叉，这种分叉的形态因鹿而异。虽然我们不知哪种形状的鹿角在吸引雌性上更有魅力，但从医用药材的角度看，鹿茸的分叉越少，药效越好。鹿角的形态受遗传基因影响。幼年鹿的角不大，也几乎没有分叉；随着年月增长，角会变大，分叉也开始变多。有意思的是，下一年新长出的角与前一年的角形状相同，如此循环生长。因此，如果把数十支鹿角放在一起，能够轻松区分哪些角属于同一只鹿。

## 野生鹿角与鹿角工具的细微差别

我在博士论文中加入了一部分关于鹿角的研究结果。在考古学遗址中，经常可以发现使用鹿角制作的工具，我的这项研究是为了探究这些工具究竟是人类制作的工具，还是人类拾到野生鹿角后直接将其作为工具用于生活。

那时，我在中国云南省收集博士论文所需的资料，需要对比在遗迹中挖掘到的动物骨骼与中国科学院昆明动物研究所保管的动物骨骼。这时，我看到一个装着鹿角的箱子，那是我第一次亲眼看到完整保留的脱落下来的巨大鹿角。我一边感叹着鹿角的美丽，一边振作精神拿起鹿角观察。有一点比较奇怪，从鹿头上脱落的鹿角与在考古遗迹中发现的使用鹿角制作的工具几乎无异。尤其是鹿角末端的形态，即便说是人类的刻意雕琢也足以令人信服。我此前对鹿角一无所知，关于考古学家所说的"发现使用鹿角制作的工具"的说法，我全盘接受。但当发现全无人力加工的野生鹿角与所谓的人类制作的工具如此相似时，我开始了相关研究。

回到美国后，我开始思考这项研究应该在何地、如何开始。首先，我需要系统研究鹿角在自然状态下是如何发育形成的。很幸运的是，我的学校里有一个"鹿研究中心"。美国的大部分地区为了维持野生环境中鹿的数量，在其种群增加时，会对雌鹿采取避孕措施，而最为知名的避孕研究机构就是我们学校的鹿研究中心。

我首先给研究中心打电话，询问有没有多余的鹿角。管理员表示，他们收集了一些角，为了制作鹿角家具和装饰以便出售。在我说明需要观察鹿角的理由后，管理员很爽快地答应我，可以把收集的鹿角全部拿走。我当时很激动，为表感激，我拉着一箱啤酒去了鹿研究中心。走进入口后，我就看到了很多鹿。管理员很热情地迎接了我，把我带到收集鹿角的房间。天哪！好多鹿角装满了几个箱子。我甚至担心自己的小车能不能拉走这么多鹿角。最后，我终于把它们全部装下拉走了。

我把鹿角搬进研究所开始分析。由于没有查找到系统性分析鹿角的方法，于是在导师的指导下，我使用自己的方式开始收集关于鹿角的数据资料。通过分析野生鹿角的形态变化，我认为，要谨慎对待关于"考古遗址中出土的鹿角全部是人类制作的工具"这种简单的分析结论。我的这项研究被刊登在一家知名的学术杂志上，之后我被意外地冠以"鹿角专家"的称号，并接了几篇关于鹿角论文的审核工作。在中国昆明的博物馆里拾起一支鹿角时，我未曾想到，之后会和鹿角结下如此不解之缘。

## 雄鹿为吸引雌鹿注意而将自己打扮得光鲜亮丽

为什么只有雄鹿有如此美丽的角呢？其实不止是鹿，动物界中的很多物种，雄性的外貌都比雌性更加华丽光鲜。对这种现象首次进行学术研究的人是查尔斯·达尔文。达尔文主张，具有能够更好适应自然的体征的动物个体，能够更好地在自然环境下生存，并留有更多后代。这是自然选择下的动植物进化方向。事实上，很多动物的外在形态根据自然选择的进化论都能得到说明，但在这里，达尔文发现了奇怪的一点。雄性孔雀大而华丽的尾羽、雄鹿威风凛凛的角虽然看起来美丽，但同时也加大了它们被捕猎者发现的概率，成为从捕猎者口中逃命的极大阻碍。此外，这些华丽外观的生长发育也需消耗很大能量。

如此看来，这种外形看上去似乎不仅对适应环境没有帮助，反而妨碍其生存。达尔文认为，这种雄性独有的形态特征不是自然选择的结果，而是缘于雄性之间为占有雌性而进行的竞争，他将其解释为"性选择"的结果。

性选择大体分为两种：一种是雄性之间为占有雌性而展开的争斗，另一种则是雄性为吸引雌性注意而展开的竞争。这就像在心爱的女子面前，两个男人是通过"决斗"定胜负，还是看谁送给女子的"钻戒"更大。在繁殖期，雄鹿或雄海象为了争夺雌性，会展开流血冲突。争斗如果太过激烈，甚至会导致其中一方死亡。但在真正的斗争开始之前，自认为可能会输的一方通常就会开始后退，因为没有必要为了一场注定会输的争斗受伤或丢掉性命。

"螳螂捕蝉，黄雀在后。"在两只雄性为争夺雌性争斗的时候，可能会有第三只动作敏捷的雄性已经与雌性在隐蔽的地方进行交配。除了这些不劳而获的家伙，其他以"男子汉"的方式光明正大地一决胜负的战斗中，通常都是体型较大的一方更具优势。对于鹿，也是鹿角更大的一方胜率更高。只有在决斗中获得胜利，才能与雌性交配。（不劳而获的家伙除外！）因此，鹿角稍大一些的雄鹿将自己的遗传基因留给后代的概率更高。同时，在争夺与雌性交配机会的过程中，不劳而获的雄性基因也在持续遗传给后代，因此，这种行为的基因也会一直延续。

雄鹿间的竞争中，鹿角的形状及大小对胜负起着决定性作用。因此，随着这种竞争在漫长的岁月中循环往复，雄鹿的角也就变得越来越华丽。然而，"过犹不及"这条定律在生物的进化过程中也依旧适用。试想，如果一只鹿的角明显大过其他雄鹿，那么它当然能够在争斗中轻而易举地击败对手。但如果角过大，就会极大地制约它的移动能力，例如在树林间行走时被树枝困住，或遇到狩猎者时，逃亡速度落后于其他雄鹿，以至于落入捕食者之手。雄鹿过于招摇的鹿角极有可能给自己带来杀身之祸。因此，尽管华丽的鹿角在繁衍后代的竞争中具有优势，但也不会发展到危及安全的程度。正是性选择和自然选择的双重作用，成就了鹿角在大小和华丽程度上的均衡。

雄性彼此争夺雌性的注意力也是性选择的一种。亚马孙丛林中生活着一种叫作"侏儒鸟"的鸟类，雄鸟为了引起雌鸟的注意，会竭尽全力跳舞。无限重复着类似迈克尔·杰克逊"太空步"的动作，以此向雌鸟求爱。通过这种方式，最终受雌鸟青睐的雄鸟基因会遗传给后代，所以雌鸟喜爱的雄鸟形态就作为性选择的结果保留下来。这种性选择与个体适应自然的能力全然无关，却决定了物种进化的方向，影响惊人。想要吸引雌性注意的雄性心理，对于人、鸟、海象或鹿来说，其实都是殊途同归的。从这个角度看，男人就是动物！而被这些男人吸引的女人，是不是其实也和动物无本质区别？

# 第 2 章

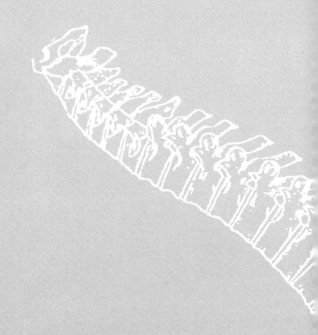

# 具有无限奥秘的
# 身体组织
# ——骨骼

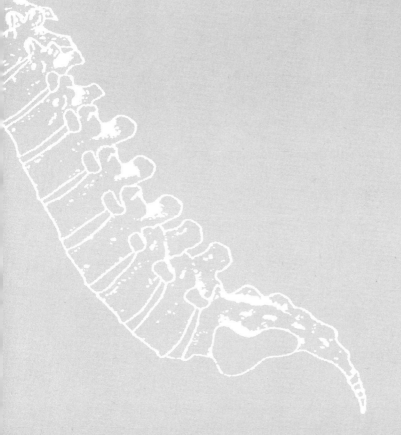

# 坚硬的骨与多孔骨共存

　　大家应该都听过骨质疏松症吧？最易患有此病的中年女性自不必说，相信很多年轻人也听说过。骨质疏松指的是骨骼中有很多孔，这是什么意思呢？既然说"骨骼中有较多孔"，难道骨骼原来就是有孔的吗？然而仔细推敲后可知，骨骼中"产生"孔的这种描述其实是错误的。为了准确理解骨质疏松症，首先需要了解骨的两种结构。

　　观察骨骼的横切面可以很好地了解骨骼结构。根据骨骼组织的疏密程度，骨骼分为密质骨和松质骨两种。密质骨主要构成肱骨、股骨这种长型骨，质地坚硬。大家现在摸摸自己的胳膊。在胳膊与肩膀连接的部位向肘部的一半距离处的骨骼非常坚硬，正是密质骨。从膝盖到脚腕的腓骨摸起来也很坚硬。我们常说的"狠踢小腿"中的"小腿"指膝盖与脚腕之间前侧的胫骨，胫骨也属于密质骨。密质骨的结构使其能够承受一定冲击，常规力量无法折断，只有受到重大交通事故程度的外部力量时，才会发生骨折。去肉店可以看到，用于做牛骨汤的牛骨头需要被放入一个很大的锯齿搅拌机中粉碎。这种密质骨中不会发生骨质疏松症。

　　现在让我们再来摸摸肩膀与手臂连接的部位和肘部。用手可以感受

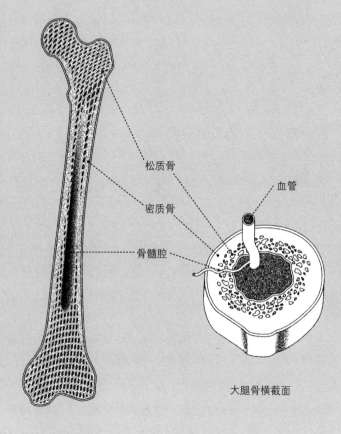

松质骨

血管

密质骨

骨髓腔

大腿骨横截面

大腿骨纵截面

**密质骨与松质骨** 根据骨骼组织的疏密程度，骨骼分为密质骨和松质骨两种。大腿骨（股骨）位于骨盆下方，一直连接到膝盖，是人体中最长、最大，也是最坚硬的骨组织。观察大腿骨的截面可以发现，两端部位的骨中有很多细孔，属于松质骨，而骨架则由坚硬的密质骨构成。走路或跑跳时产生的冲击首先由海绵一样的松质骨吸收，之后才被传送到钢铁一般的骨架

到，这两个部位和小腿的腓骨一样，都非常坚硬。然而如果观察其横截面，可以看到骨的外圈是一层密质骨，但密质骨下的骨质结构像是纵横交错的海绵形状。我们啃烤排骨时仔细观察会发现，骨的最外层很坚硬，但越靠近中心越像海绵一样，可以看到很多孔。外层的致密结构是密质骨，内部的孔状结构就是松质骨。

松质骨的作用是缓解我们日常生活中走路或跳跃时产生的冲击，与运动鞋鞋底的气垫相似。股骨和腓骨的两端是孔状的松质骨，中间的骨架部分由密质骨构成。身体在行走或跳跃等动作中受到的冲击首先由海绵般的松质骨吸收，之后才传送到钢铁一样坚硬的骨架。骨质疏松症就发生于这海绵状的松质骨。

松质骨的纹路呈相互交错的网状。骨骼健壮的人的松质骨形状就像能够捕捞小银鱼这种小型鱼类的密集渔网。然而，如果发生骨质疏松症状，骨骼内部的网状纹路会逐渐变得稀疏，网洞变得很大。这时的渔网别说小银鱼，就算青花鱼这种稍大型的鱼类也只能勉强套住。严格地说，骨质疏松症并不是骨中的孔变多，而是在骨变细的同时，之前存在的孔逐渐变大。如果骨只是变细，其实并不会影响我们的日常生活。很多人的骨已经开始变细，但由于对自己的生活毫无影响，因此并未察觉，直到发生骨折时才会发现。

骨骼内部结构变得疏松之后，骨也会理所当然变得脆弱。这时骨骼只要受到外部的一点冲击，就很容易发生骨折。骨质疏松对人体健康的主要危害是提高了骨折的概率。骨骼健壮的人就算狠狠地摔在地上也不会骨折，同样，他们如果不小心摔倒，用手掌着地支撑身体时，也只会有一点疼而已，几乎不会达到腕骨骨折的程度。然而，骨质疏松的人如果摔坐在地上，由于骨骼脆弱，使用手掌撑地时，臀部和大腿骨的连接部位以及腕骨都很有可能发生骨折。作为经历过 3 次骨折的人，我有资格说，骨折远比想象的更可怕，尤其是骨折留下的后遗症，会随着年龄的增长而越来越严重。

我分别在高中一年级、三年级和大学二年级时打过石膏绷带。我 17 岁时右侧肱骨骨折，直到现在使用右侧手臂提重物时，时间久了还会很累。甚至在 KTV 唱歌时，如果用右手拿话筒，坚持不到一首歌的时间，胳膊就开始累了。19 岁时我折了脚腕骨，现在还会因为脚腕疼而不能盘腿坐。我 21 岁时折了左侧肘骨，所以现在左臂不能像右臂一样向前伸直。这么一看身上的各处骨折记录，仿佛我已经满身疮痍，但好在这些伤都不影响正常生活。像我这种年轻时发生的骨折都不能痊愈，有些人 50 岁之后发生骨折就更难恢复了。

前面说过，由于骨骼是人体中的生理组织，所以发生骨折时，一般不需要过多处理，骨骼也会自行恢复。人的年纪越小，骨骼的恢复速度越快，甚至可以最大程度复原骨折之前的模样。胎儿在出生过程中，经过妈妈狭窄的产道时，经常会发生肩部骨折。然而，大部分胎儿的骨骼会在不知不觉中自动恢复。因为新生儿的手臂动作不多，而且骨折发生部位的骨骼会以惊人的速度生长，在一个月里就能恢复，骨折痕迹也会完全消失。

正在长个子的孩子如果发生骨折，也能以很快的速度愈合，因为人体内骨骼生长的过程和骨折之后骨骼重新连接的过程几乎一致。然而，如果年龄超过 50 岁时发生骨折，情况就会完全不同。首先，骨骼重新连接的速度会明显降低，从而需要更多愈合时间。此外，就算骨骼重新连接，骨折部位也会变得脆弱，伴随的后遗症会折磨患者一生。

# 只有女性会发生骨质疏松的症状吗？

为什么年龄越大，发生骨质疏松的概率越高呢？骨骼的重塑过程是，破骨细胞将坏死的骨细胞吞噬之后，成骨细胞在骨骼的空隙位置产生坚硬的骨细胞，以此方式持续不断地进行新陈代谢，产生新骨。处于生长期的青少年骨骼中，新形成的骨细胞比坏死的骨细胞更多。因此，18~25 岁人体中骨骼的密度最高。随着年龄的增长，破骨细胞吞噬坏死骨细胞的同时，成骨细胞的成骨速度不及之前，无法及时在骨骼的空隙位置成骨，骨质疏松问题也就随之出现。这种状况下如果发生骨折，情况就会更糟糕。

发生骨折后，不采取任何措施骨骼也能够自行愈合，原因正是骨骼在持续进行骨重塑过程。然而随着年龄的增长，成骨细胞的活动速度变慢，骨骼重新连接所需的时间也随之变长。骨质疏松引起的骨折多发处通常是手腕部位的下臂骨、骨盆与股骨的连接部位，以及脊椎骨这种骨骼内部较为疏松的松质骨部位。这些都是摔倒时容易发生骨折的部位，上了年纪之后，行动时必须多加小心。就算是有急事需要跑的情况也要冷静，否则如果不小心摔倒造成骨折，与因此所要遭受的痛苦相比，急事本身就显得微不足道了。

无论男性还是女性，骨细胞减少的过程是相同的，那么为什么骨质疏松的症状在中年女性中尤为常见呢？这是因为，女性经历闭经期之后，激素分泌发生了变化。女性更年期期间会突然产生身体发热、脸发红的现象，这就是激素分泌变化导致的。闭经之后，女性的雌激素分泌显著降低，不只脸发红，骨量的流失速度也会加快。雌激素下降导致骨密度降低的准确解释目前还停留在假说阶段，其中最普遍的说法是：雌激素会抑制破骨细胞形成，而闭经之后，雌激素分泌减少，导致破骨细胞活跃。因此，与男性相比，女性发生骨质疏松症状的可能性更高。

读到这里，可能有读者会想："我是男性，所以不会骨质疏松。"其实并非如此。激素分泌的急速变化使女性在中年时发生骨质疏松的概率更高，但男性随着年龄的增长，骨骼的再生过程变慢，这也有可能导致骨质疏松。调查显示，50 岁以上的男性中，有 20% 会由于骨质疏松导致骨折。男性没有闭经期，不会像女性一样在 50 岁时骨密度快速降低。但过了 65 岁之后，男性的骨密度降低速度会与女性趋同。当骨密度逐渐降低，从骨质减少变为骨质疏松时，发生骨折的危险性就开始变高。为了防止骨折，需要针对骨质疏松展开治疗。遗憾的是，我们无法治愈已经形成的骨质疏松。但通过治疗，可以抑制症状的进一步发展，并使之有所改善。通过补充雌激素可以抑制破骨细胞吞噬骨细胞，也可以通过补充甲状旁腺激素刺激骨骼再生。

虽然药物治疗骨质疏松的效果最好，但平时通过运动提高骨密度，使骨骼变得健壮也很重要。不管什么病，人们总是会听到"减少压力、养成良好的饮食和生活习惯"的建议，所以可能对此习以为常。如果肩颈酸痛，去网上查找缓解办法，一定会出现的建议就是"减少生活压力并适量做一些拉伸运动"。然而，减少生活压力这件事说起来轻松，在实际中几乎是不可能实现的。不管怎样，这种建议经常被人们挂在嘴边，可见运动的必要性。其实，适量运动是提高骨密度的重要方式。

## "沃尔夫定律"：骨骼越用越结实

　　骨骼是人体内活着的组织器官，所以外部力量的力度和方向可以在骨骼上得到体现。19 世纪，德国外科医生朱利叶斯·沃尔夫（1836—1902）发表了"沃尔夫定律"。他研究骨的横截面时，惊喜地发现了一个有趣的现象：与骨盆相连的股骨上方部位形成了具有很多孔的松质骨，且这些孔的形状具有一定的规律。精通物理学和力学的沃尔夫通过分析得出结论，这种形状能够最好地支撑身体的重量。

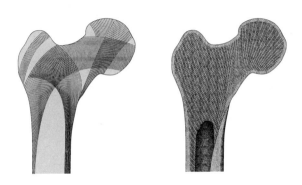

**沃尔夫定律**　松质骨中的孔隙并不是随意生长的，而是为了最大限度支撑负重，形成最优的排列组合。对骨骼施加的压力越大，相应部位的骨骼就会越坚硬，反之，不常使用的骨骼部位会变得脆弱

　　沃尔夫以这项发现为基础，得出结论：对骨骼施加的压力越大，相应部位的骨骼就会变得坚硬，反之，不常使用的骨骼部位会变得脆弱。这个简单的定律被称为"沃尔夫定律"，之后成为外科医学的基本原则。左右臂骨大小不同的网球运动员是证明沃尔夫定律的很好的例子。网球运动员通常会使用一侧手臂拿网球拍，发球时，全身力气集中于执拍的手臂。如此千万次地重复这个动作，经常拿球拍的一侧手臂的肌肉和臂

骨都更为厚实。同理,习惯使用右手的人的右侧骨骼比左侧骨骼更粗壮,反之亦然。

"KTV 事件"时,由于右侧肱骨骨折,受伤处太痛,我整个晚上都没能睡着,一直在呻吟。又因为不能好好洗澡,时间久了,打着石膏的胳膊开始变得瘙痒。不管我怎么敲打石膏,瘙痒都没有减轻,烦恼了好久之后,我拿洗衣店的衣架从石膏的缝隙中插进去挠痒。就这样度过了艰难的一个月,终于熬到了拆石膏的日子。想着苦日子终于熬到了头,我满怀兴奋地去了医院。从医院出来时,我本以为终于又能用右手了。可是没想到,解开石膏之后,胳膊就像没有筋脉一样垂了下去,不管怎么用力都抬不起来。那是一种很少见的体验。除此之外,一眼就能看出,右臂比左臂细了很多。尽管只有 1 个月的时间没有活动,这只手臂的活动能力就开始退化了。"啊,所以医生嘱咐我打石膏期间也要常用手握球,进行一些握紧、张开的肌肉运动呀!"我这才意识到医嘱的意义,但为时已晚。

大学二年级,我左侧手肘部位骨折时也是类似的情况。当时由于胳膊肿得太厉害,所以没有打石膏,而是先用纱布固定。几天之后,整个胳膊都出现了很严重的淤血。浮肿和淤血稍有缓解之后,医生就用石膏将我的胳膊牢牢固定住,几周之后拆石膏时,胳膊不能进行 90 度以上的弯曲。为了恢复,我接受了物理治疗,但是治疗过程疼痛难忍,几次都痛得流眼泪。我时不时就能听见隔壁房间接受物理治疗的阿姨们的呻吟声,那时我还年轻,没有像阿姨们那样叫。但如果现在让我去接受物理治疗的话,估计我也会像当时隔壁的阿姨们那样大声呻吟了。

像这样,即使骨折期间只有 2~3 周不移动关节或相关部位,结果也马上就能反映在骨骼上。从骨骼的立场上看,一些没有作用的骨没有必要长得很结实，所以越不常使用的部位，骨骼就会变得越脆弱。由此看来，我们一直强调运动的重要性是有道理的。骨骼会对我们身体的运动产生反应，所以经常进行弯曲、伸展的运动对强健骨骼有很大帮助。

其实，早在 2400 年前，希波克拉底已经发现了"适当的运动能够强健骨骼"这个道理。名留青史的希腊医师希波克拉底和沃尔夫都强调了运动对强健骨骼的重要性，就让我们听从他们的话，坚持运动吧。遗憾的是，明知道多运动有好处，但腿不知为何就是那么沉，上一次运动已经不知道是什么时候了。看来我要起码先从走路开始逐渐恢复运动。

仔细观察考古学遗迹中出土的遗骨可以发现，古人也和我们一样，上了年纪之后会得骨质疏松。虽然如今的医学水平有所进步，能够提前通过各种手段在发现骨骼变细时及时预防症状继续恶化，但是，古今无异的是，骨密度会随着人的年龄增长而降低，发生骨折的可能性会更高。我们的医学无论如何发展，在岁月面前似乎都无能为力。

# 物理学与骨骼：生物力学的世界

骨骼只有木棍粗细，却如钢铁般坚硬，实属神奇。骨骼能够经受体重超过 500 千克的马以时速 50 千米奔跑时的力量冲击。通过物理学原理分析有骨架动物的身体及其移动规律的尝试，最早始于古希腊亚里士多德时期。让我们回顾一下中学时所学的物理知识。"身高 160 厘米，体重 50 千克的人，将重 20 千克的杠铃举过头顶时，需使用多大力？"大家当时应该都做过类似的问题。我上学时的物理成绩一塌糊涂。"从楼顶同时扔下羽毛和球时，当然应该球先落地吧。"但答案不是这样的。物理颠覆了我的认知，所以我对物理学科并无好感。也正因如此，每当我解物理题目时，心里所想的答案与正确答案通常是相反的。

以施加到骨骼上的力以及生物体的运动作为研究对象的学科称为"生物力学"。研究生物力学之前，首先要了解其研究对象——骨骼的成分。

骨骼最大的特点就是，它比其他任何物体都更加坚硬。"我年轻时吃鸡，可以连着骨头一起吃了。"如果这样说，大概因为里面的鸡骨已经被油炸酥，或者压根是长时间煮过的参鸡汤，因为生的鸡骨是咬不动的。骨骼之所以能够这样坚硬，是因为构成骨骼 70% 的成分是羟基磷灰石。得益于这种像石头一样坚硬的矿物质，骨骼能够承受跑、跳甚至摔倒时带来的冲击，不至于骨折。另外，由于主要成分是无机矿物质，骨骼能够在人体死亡后不腐烂，保留下来，所以我们才能在数千万年之后的今天发现当时地球上生存的动物的化石。

但骨骼也不是无限坚硬的，如果太过坚硬，反而会导致受到冲击时更容易发生骨折。旧金山的地标性建筑金门大桥能够承受时速超过 100 千米的狂风。美得无与伦比的金门大桥在风速过高时，桥身会轻微晃动。我们过桥时，虽然桥身摇晃会感到有些惊恐，但只有桥身设计得相对灵活，才能做到不易折断。骨骼也是如此。骨骼的成分中，30% 是水分和包括胶原蛋白在内的蛋白质。正是这些成分提高了骨骼的柔软度，使骨骼受到外部冲击时不易折断，能够在轻度弯曲之后恢复原状。

## 钢铁般坚硬的骨骼为何会断？

骨骼需承受各种力。用力跑、跳时，全身的重量就会施加到腿上；而做引体向上时，全身的重量则集中在手臂上。骨骼最能承受的是压力。人们使用双腿站立、行走时，脊椎、骨盆、腿骨承受的大部分都是从上向下施加的重力。我们从 2 岁开始学会跟跟跄跄走路，直到去世，一生都在行走。每次行走时，体内的骨骼都在承受压力。骨骼必须长时间持续承受这种压力。为了研究骨骼到底有多坚硬，科学家们取腿骨的一部分，将其切成冰块大小，放在机器上。机器开始缓慢挤压骨块，施加多大力时，骨才能断裂呢？令人吃惊的是，这样一块小小的骨头，竟能够承受 4 吨的负重。虽然同样大小的钢铁也能够承受如此重量，但同样体积的钢铁重量是骨骼的 4 倍以上。骨就是这样如钢铁和混凝土一般坚硬。

钢铁能够承受来自任何方向的力。但骨骼不同，如果受到的不是自上而下的力，而是从侧面施加的力，就会意外地被折断。如果骨骼能够承受前后、左右、上下任何一个方向的力，将会是最完美的状态。但遗憾的是，地球上的任何生物都没有形成如此完美的身体结构。足球比赛中，被铲球而摔倒的选手经常会抱住小腿，表情痛苦。虽然此时通常不会造成骨折，但如果运气不好，被折断的小腿骨会刺进肌肉，极其疼痛。由于骨骼很难承受来自侧面的力，所以其他球员从侧面铲球时，突然施加在腿上的力会导致骨折。如果这个力量是从上向下施加的，骨骼就完全能够承受。

然而，骨骼也并非能够无限承受自上而下施加的压力。长期承受压力导致的骨折称为压迫性骨折，这种骨折主要出现在脊椎骨部位。那么，为什么支撑全身重量的腿骨不会发生压迫性骨折，而主要发生在脊椎骨呢？我们很少听到由于走太多路导致腿骨骨折的故事，却经常能听见上了年纪的人或工作太过辛苦导致腰部移动困难的事，不觉得有些奇怪吗？

原因在于脊椎骨与腿骨之间的结构差异。我们体内的所有骨骼都是由无机物和有机物按照 7∶3 的比例构成的，但由于各部位骨骼的形状与结构存在差异，骨的性质也有所不同。如前所述，腿骨和臂骨这种长型的骨骼两端部分是海绵形状的松质骨，中间部分是坚硬的密质骨。这种结构的骨骼能够承受较强的压力，而不会轻易骨折。

与此相比，脊椎骨从上到下分为 24 块相互独立的骨，它们中间是像海绵一样质地松软的松质骨。我们的身体每次弯曲和伸展时，都会反复对脊椎施加压力。当然，日常生活中的正常行为对脊椎施加的压力是极小的。然而，即便是很弱的力，如果长期反复，也会使脊椎骨无法承受，导致骨细胞受外伤。尤其是脊椎骨这种本身骨组织结构比较脆弱的部位，在人上了年纪之后，很容易因长期反复性动作的施力导致骨折。当然，这种程度的骨折只是骨骼上出现裂痕而已。

然而，无论多么小的裂痕，如果任由其发展，恶化到影响邻近的肌肉或韧带，都会使疼痛逐渐加剧。预防脊椎骨的压迫性骨折，最好的方法就是强健骨骼。因为如果骨骼发生骨质疏松，会导致原本脆弱的脊椎骨密度降低，受到微小的力就可能导致骨折。看到这，大家可能会想，如果由密质骨代替松质骨构成脊椎骨，是不是会好一些呢？其实，虽然密质骨更为坚硬，但如果脊椎骨由密质骨构成，我们的身体就会变得太重，以致无法承受自身重量，最终无法直立行走。对于人类个体来说，相比于所谓的压迫性骨折，生存本身自然是头等大事。因此，即使有发生压迫性骨折的风险，由松质骨构成的脊椎骨仍是更优的选择。

早在数十年前，类似的骨骼物理学特征已经引起了工程师们的兴趣。虽然一些人是只对骨骼本身的结构感兴趣而展开研究的，但更主要的契机是根据物理学研究得出的结论，为外科手术提供合适的医学材料。对于严重骨折的骨骼，要在骨中植入钢钉，此时科学家和医生们就要了解，骨骼本身对使用哪种物质、通过哪种工艺制作的钢钉具有哪些反应，使用多大的钢钉、从哪个方向植入可以最大限度地减少植入钢钉对患者日常生活的影响。

外科医生对人体的骨骼结构了如指掌，但对于植入体内的钢钉知之甚少，所以他们与工程师展开合作。在生物工程学中，有一部分科学家专门针对骨骼进行研究。如果观察他们的研究过程，有时甚至会分不清其研究的到底是骨骼还是普通的力学。他们通过一些像我这种文科生无法理解的图表和数学公式，计算出一块普通冰块大小的骨骼可以承受 4 吨的压力。工程师们在 20 世纪 50 年代就已经计算出人们日常生活中对每一块脊椎骨施加的力的大小，也因此得以支持外科医生完成相当数量的手术。

我刚读研究生时，对这个领域很感兴趣。尤其是希望通过生物工程的研究方法，研究被称为人类祖先的南方古猿是如何使用手臂的。南方古猿的手指骨长度和形状与智人存在很大差异，我希望通过研究得知，使用这种手指悬挂在树上或移动手臂时，所需的力气有何不同，进而研究从南方古猿到智人的演变过程。现在想想当时的思路，依然觉得很棒。为此，我很认真地去旁听工程学院的课程，但作为物理"白痴"，我怎么可能突然对力学开窍呢？动量如何如何，应变率和应力如何如何，这些物理学概念在我脑子中混成浆糊，实在无法理解。

回想当时，有一段记忆让我至今印象深刻。美国斯坦福大学工程学院卡特教授以骨骼和关节研究享誉世界，他上课时经常拿着一块股骨。卡特教授用柔和的语调清晰讲解，使我这种力学门外汉也能够相对轻松地掌握。但每当他认真地给学生讲解幻灯片内容时，如果出现一些必须记住的知识，卡特教授就会突然拿起那块股骨指给学生看。试想每次学生们看到他拿着股骨穿过校园走向教室时，心里会是什么感受？这虽然已经是十多年前的事情了，但我还是记忆犹新。

# 骨骼是钙的仓库

　　为什么钙对骨骼健康至关重要呢？我们经常听到这样的说法，为了强健骨骼，必须多摄入钙。可能也是这个原因，商家经常会打出"小银鱼是钙之王"的宣传语，或者将"多喝牛奶能够补充钙与维生素 D"的话写在广告中。另外，钙是预防骨质疏松的利器，所以补钙营养品在中年女性人群中人气很高。

　　骨骼是我们体内的钙仓库，当我们需要钙的时候，骨骼会将其释放出来。融入血液的钙随着血液在人体内循环，具有很多作用。例如，皮肤出现伤口时，钙能够帮助止血，它也能为大脑提供所需的营养。血液中的钙量充足时，骨骼处于待命状态；体内所需钙量不足时，骨骼会像银行一样，将保管的钙释放出来。

　　那么，坚硬的骨骼中存储的钙是如何被释放的呢？血液中的钙量不足时，甲状旁腺中分泌的激素最先反应。骨骼收到甲状旁腺激素分泌的信号时，就会意识到："啊！这是命令我释放钙呀！"为了将钙质释放出去，破骨细胞需要吞噬坚硬的骨细胞。因为只有将骨细胞破坏掉，其中的钙或磷等无机物质才能向外释放。然而，破骨细胞与骨骼本身不同，它们无法接收甲状旁腺激素的信号。二者好像使用的是完全不同的两种语言。就像甲状旁腺激素用中文不停地说："破骨细胞开始行动！破骨细胞开始行动！"然而破骨细胞听不懂中文，所以根本不知道这句话的意思，也就不会开始行动。此时需要一个翻译官，于是，形成新骨细胞的成骨细胞就充当了这个角色。甲状旁腺激素附着在成骨细胞上时，破骨细胞就可以理解这个命令，并开始吞噬骨细胞。

1852 年，英国的一位自然历史学家在伦敦动物园解剖一头死掉的印度犀牛时，首次发现了甲状旁腺的存在。之后，人们发现这种位于甲状腺之后的小小的黄色内分泌腺不只存在于印度犀牛体内，人类、狗、猫、兔子、牛、马等生物体内也同样存在。

甲状旁腺一般是 4 个米粒大小的黄色腺体。它的名字听起来貌似与甲状腺具有某种联系，但其实只是因为它位于甲状腺的后面，二者的功能和形状是完全不同的。甲状旁腺激素的功能是帮助身体维持钙质在体内的平衡，如果它正常完成使命，就能够保证我们体内可以消耗的钙量充足。然而，所谓"过犹不及"，甲状旁腺激素也是如此。

如果甲状旁腺分泌过多激素，就会导致破骨细胞的活动更加旺盛。破骨细胞会听从激素传递的命令，持续吞噬骨细胞，从而释放出超过需求量的更多钙质，导致融入血液的钙量增多。不仅如此，破骨细胞快速吞噬骨细胞，也会导致骨密度逐渐降低，最后的结果当然就是骨质变弱。这就是"甲状旁腺功能亢进症"的原理。如果不使甲状旁腺机能恢复正常，这种疾病就会危及人体安全，是一种致命疾病。

目前，最著名的"甲状旁腺功能亢进症"病例是 20 世纪 20 年代一位来自纽约的名叫查尔斯·马尔特尔的患者。有一天，他的身体突然出现难以承受的疲劳症状，而且经常忘记要做的事情。刚开始，他以为这只是太过疲累导致的，但随后出现的症状令人感到恐慌，查尔斯的身体开始慢慢变矮，如果拿 10 年前的照片比对，甚至都认不出来是同一个人。另外，查尔斯的骨骼变得脆弱，出现严重的骨质疏松症状。这一系列症状是如何发生的呢？

医生们最终诊断，查尔斯身体出现这些症状是由于甲状旁腺分泌激素功能过分旺盛。他最终接受了甲状旁腺切除手术，但遗憾的是，查尔斯在手术 6 周后还是遗憾离世了。

甲状旁腺只有一个功能——调节体内的钙量。如果 4 个甲状旁腺中的 1~2 个出现良性肿瘤，导致之前的米粒大小变为豌豆大小时，就会引起激素过度分泌，问题也随之出现。此时不仅骨量持续减少，过量进入血液的钙质也会淤积在血管或肾脏，导致血管堵塞或尿路结石。另外，如果体内钙量过多，还会影响神经系统，导致慢性疲劳或健忘症。幸运的是，如今的医学发展使我们能够通过简单的手术切除长有良性肿瘤的甲状旁腺，术后几天内就能明显感觉到甲状旁腺功能亢进的症状神奇地消失了。

# 伽倻墓地中发现的 母乳喂养痕迹

　　2012 年 6 月 3 日，我的女儿出生，比预产期晚了 1 天。由于被诊断为妊娠糖尿病，我在怀孕期间不得不加大运动量。就连预产期当日，我还徒步登上了能够一览夏威夷蓝色大海的玛卡普吾灯塔。所以我一直以为，只要用几下力，孩子就能顺产。然而，虽然隔一段时间腹部就会有反应，但不知是不是阵痛，我一直在家里挺着。可是不管怎样还是觉得有些异常，于是我给主治医生打电话咨询，医生让我先去医院观察一下。医院护士给我做检查之后，惊讶地瞪着眼睛问："孩子马上就要出生了，你难道没有觉得痛吗？"我听说，临产时会痛到天昏地暗，但我感受到的疼痛还远不到那个水平，所以我以为当时的感觉不算阵痛。

　　看来我忍受疼痛的能力还是很强的嘛。没事，看来不打无痛针的决定是正确的。于是我就故作淡定，等着与孩子见面。然而，天黑下来，满月升空，直到天重新亮起来的 17 个小时之后，我才得以与孩子见面。前一天还满心欢喜，不把阵痛当回事，现在的我已浑身瘫软，好不容易才把孩子抱在怀里，坐着轮椅向病房移动。终于见到了我的女儿啊。养育孩子的过程中，虽然有很多有趣的瞬间，但在孩子还是婴儿的阶段，照料孩子这件事比想象中的更难。为什么刚出生的孩子经常肚子饿、突然醒来，特别是晚上不睡觉呢？那时的我只能靠着"百日奇迹"（孩子过了百天之后会好很多）的说法自我麻痹，不停地说不会再要二胎了，这样才一天一天地熬了过来。

生产之后不久，我拖着还没有完全恢复的身体去医院妇产科做检查。医生随口说了一句，如果想要二胎的话，最少也要等到 1 年之后。我当时就说："为什么要二胎？一个孩子已经足够了，没有必要和我说这话。"然而我也马上产生疑问，医生的话有什么科学道理呢？可是俗话说"人要脸，树要皮"，刚刚我已经那么不留情面地把医生的话堵回去了，怎么好意思马上就问呢？我一直看着医生的脸色，直到检查马上要结束的时候，才用蚊子一样的声音问了一句："可是，为什么要等 1 年呢？"

这是因为，分娩之后，妊娠和母乳喂养会导致孕妇体内流失较多钙质，因而需要 1 年左右的恢复时间。当然，在妊娠过程中，为了胎儿骨骼的形成，钙质是不可缺少的，但快速生长的新生儿每天所需的钙量是妊娠过程中的 4 倍以上。如果新生儿由母乳喂养，那么所需的全部钙质都将从母乳中摄取。此时所需的钙量极大，大部分情况都需要从母亲的骨骼内提取钙质来维持所需，就好像妈妈把自己的脊椎骨喂给孩子吃一样。停止母乳喂养后，妈妈体内的骨骼会重新以迅猛的速度补充包括钙在内的各种无机物。这个过程通常需要 3~6 个月。

骨骼的大部分成分是无机物，所以只有体内的无机物补足时，骨骼才能够重新生长。如果孕妇在体内无机物还没有充分补充时就再一次妊娠分娩，将使体内的骨骼无法获得重新生长的机会，这样其骨骼就会逐渐变脆弱，进而产生骨软化症。在这种状态下再次分娩，会对孩子和母亲的身体造成损害。研究结果显示，全球任何地方的女性皮肤相比于男性皮肤都更白。肤色越白，说明体内吸收紫外线的能力越强，而钙质形成的必要成分——维生素 D 的合成率也就越高。女性比男性肤色更白，也许就是女性持续通过合成维生素 D 以维持妊娠和分娩所必需的钙量，从而进化出来的结果。

女儿出生 10 个月内一直都是母乳喂养，孩子刚过 2 个月的时候，我要开始上班了。于是，我每天拿着很大的吸奶器，每隔 3~4 小时就要吸一次，留着第二天给孩子吃。有时工作太多时间来不及，我就在下班的路上用自动吸奶器，边开车边吸奶。自动吸奶器不需用手把住吸头，只要将全身用结实的带子围住，就可以自动吸奶。准备母婴用品时，我还在想谁会需要这种东西呢，没想到正是我自己。

遇到堵车时，我也会忘记关掉吸奶器，导致奶瓶中的奶溢出来。更糟糕的是，慌忙中找电源开关，却不想手刮到了吸奶器的电线，把漏斗吸头拔了下来，里面的奶全都洒掉了。没办法，还要收拾残局。结果我只好用沾满奶渍的手继续开车。因为吸奶器惹的祸，我一个人在车里上演这出《阿呆与阿瓜》的桥段已经不是一两次了。即使这样麻烦，我还是坚持母乳喂养，与其说是由于某些特殊的理念，不如说是因为我们的祖先自古以来都是这样做的。而且还可以节省奶粉钱，可谓一箭双雕。当然，为了买各种吸奶用品，最后好像也并没有省下多少钱。

6000 万年来，母乳喂养是包括人类在内的所有哺乳类动物给后代供给营养的方式。我也参与了这种古老的行为。值得庆幸的是，我的乳汁很多，足够喂养孩子。所以虽为职场女性，我依然能够坚持较长时间的母乳喂养。但是，我不会因此建议其他人一定坚持母乳喂养。我每天

坐在办公桌前，本来背就不是很直，再加上喂奶，驼背更严重了。而且
无论怎样寻找更舒适的姿势，每次喂奶之后都会感到背部和肩膀酸痛。
虽说母子之间血浓于水，但要培养亲情并不一定必须喂母乳！

## 母乳喂养与维生素 D 缺乏

和其他新手妈妈一样，我每天都会上网找一些育儿经，也经常和其
他妈妈互相发发牢骚。一天，我看到了一个说法：母乳喂养会导致孩子
体内缺乏维生素 D，所以需要同时给孩子补充维生素。我认为人类是经
过漫长岁月进化的产物，看到这种说法自然表示怀疑。人类数千万年间
都一直通过母乳喂养，这怎么会导致孩子体内缺乏维生素 D 呢？虽然
我偶尔也会随便听听这些理论，但基于数十年训练的逻辑思维方式，看
到这种无法理解的理论，我总是忍不住开始翻论文寻找证据。结果，我
从一篇关于母乳喂养和维生素 D 缺乏的相关论文开始了研究。真是太操
心了！

查找各种研究报告并不能满足我的好奇心，于是我向女儿的儿科医
生进行了咨询。结论是，进行母乳喂养的同时让孩子适当晒晒太阳，就
不会出现维生素 D 缺乏的症状。不仅如此，通过阳光促进维生素 D 的
合成，比通过母乳喂养或吃维生素营养品更快速、有效。母乳喂养会导
致孩子体内维生素 D 缺乏是现代社会才出现的现象。即使 100 年之前，
人们大部分时间还都是在户外。背着新生儿在田里干活，孩子自然能够
充分接收阳光。然而现代社会中，人们习惯把孩子包得严严实实地放在
房间里，因为怕孩子暴露在室外的各种细菌之中，也怕强烈的紫外线对

婴儿皮肤造成损伤。然而，这样的婴儿由于没能接收自然的阳光照射，就会缺乏维生素 D。当然，现在医疗水平和人们的生活水平都在提高，可以吃维生素营养剂补充。但我认为没有必要放着"阳光"这种天然的维生素不用，而去吃人工营养品。

相比于韩国儿童，美国儿童通常更结实。和我相同时期分娩的同事在生产 7 天后，就带着孩子到烈日炎炎的海边拍家庭照了。不知是否因为我在 35 岁时才好不容易生了孩子，直到生产 1 个月之后，我走起路来还有些不得劲。别说去海边了，就算是在小区里走动都很困难。然而同事却可以在生孩子 7 天之后就穿着泳衣，抱着孩子坐在沙滩上笑着拍照，我对此很是惊讶。虽然我也尽力让孩子长得结实，但由于不喜欢炙烈的阳光和咸咸的海水，直到女儿 6 个月时，我都没有带她去过海边。我的白人同事们听到这些都为女儿感到惋惜，觉得她选错了妈妈，竟然到现在还没有去过海边，他们甚至说要帮我带孩子去看看大海。女儿因为我而生在夏威夷，却直到 6 个月大才第一次去海边，但可能由于之前我经常在太阳落山时抱着她去逛露天市场，所以即使喂了将近一年母乳，她也没有出现维生素 D 缺乏的症状，安全度过了新生儿时期。

# 骨骼告诉我们伽倻母亲母乳喂养的持续时间

很久之前，生活在朝鲜半岛上的母亲们，会坚持母乳喂养多久呢？惊人的是，对于这种看似荒唐的问题，学者们竟然找到了解答的方法。1500 年前，朝鲜半岛上的国家是伽倻国。庆尚南道金海地区出土了很多伽倻时期人们的墓穴，其中最有名的墓穴是伽倻礼安里古墓群。礼安里古墓群的墓葬形式多样，有的墓地中连续摆放着两三个装着尸体的坛子，有的墓地中，木棺内放着打磨过的石头。更令人震惊的是，大部分的墓穴中同时发现了人的遗骨。之前的考古学遗迹中即便出土人类遗骨，往往也会不进行任何研究，直接火化或重新入土。陶器或用作棺材的坛子属于遗物，为了分析而保留下来，可带有当时人们生活痕迹的遗骨却不做任何研究和记录就直接扔掉，实属可惜。人类遗骨中隐藏着的信息多么丰富啊！

幸运的是，礼安里古墓群出土的遗骨被深知其重要性的学者保留了下来。我们从遗骨中切取了一小块样本，开始进行同位素分析。同位素分析通过分析骨骼中的氮、碳、氧等元素，探究伽倻人以何种食物为主食、什么时候给孩子断奶。我们平时吃的食物会在骨骼中沉积，通过这个原理，我们得知，伽倻人以陆地产的动植物为主食，而不是海产。

在礼安里古墓群中，人们也发现了很多女性和孩子的遗骨。刚出生的孩子的骨骼与母亲的骨骼成分极其相似。如果母亲妊娠时只吃素食，那么新生儿的骨骼就会具备素食主义者的骨骼成分；如果母亲吃很多海鲜，新生儿骨骼中海鲜食品的同位素比例就会很高。从母亲体内分娩出来之后，孩子开始吃母乳，所以体内的同位素比例与母亲的相似度更高。停止母乳喂养之后，相似比例开始改变。利用这个原理，分析女人和孩子的骨骼就可以得知当时的母亲们持续母乳喂养的时间。分析结果是，伽倻的婴儿们通常在3~4岁断奶。现代人母乳喂养持续1年都已经算很久了，但与之相比，伽倻人喂养母乳的时长远比我们现在长得多。

虽然我们得知伽倻人的母乳喂养时间较长，但不能笼统地说古代人的母乳喂养时间都很长。庆尚南道泗川市的勒岛出土了比伽倻年代更久远的、公元前 2~3 世纪青铜器时代的人类遗骨。研究金海市礼安里古墓群遗骨的学者们以同样的方式，对勒岛出土的女性和孩子骨骼进行了分析。生活在古老朝鲜半岛南端的勒岛母亲们通常在孩子 18 个月时停止哺乳。由此看来，不同时期的母乳喂养时长各不相同。

# 不"坐月子"的话骨头会进风?

提到骨骼，我们无法越过的话题就是"坐月子"。虽说夏威夷全年气候变化不大，但6~9月时，天气尤其炎热，可以把这几个月称作"真正的夏季"。我女儿就出生在这段时间。经过漫长的阵痛，我终于把孩子生了出来，最想做的事情就是清洗身体。然而，当时我全身瘫软，甚至无法自主坐立，过了一天一夜后，才能简单地洗洗。炎炎夏日里，我却不得不听照顾我"坐月子"的妈妈的话，穿了一会儿睡眠袜子和长袖上衣。然而天气真的太热了，我实在受不了。虽然听过"坐月子不坐好的话，骨头里会进风，上了年纪之后会很痛苦"，但我还是忍不住光着脚，换上了短袖衣服。

虽然韩国的月子医院也会有开空调的时候，但产妇们通常都会把全身裹得严严实实地进去。韩国人"坐月子"的基本原则是"避凉"。要想骨头里不进风，凉水、凉风是绝对禁忌。即使刚刚生完孩子，出了一身的汗，这时只想喝口凉水，但也必须忍住，只能喝热水。与韩国不同，美国产妇生产之后直接喝冰水，还能洗澡。人们通常认为美国没有"坐月子"这种说法，但其实并非如此。英语中的 postpartum care 就意为"产后护理",是生了小孩之后大家都会听到的话。然而,在美国的"坐月子"中,并没有被我们视为金科玉律的"避凉"原则。基本上只告诉产妇,为了身体尽快恢复,不要做过于激烈的运动等。那么,韩国人如此看重的"坐月子",为什么在美国人看来就无关紧要呢?

每次我提出这个问题,一百个人会给出一百种答案。有一种理论认为,这是因为白种人与亚洲人种在体型上存在差异。相比于亚洲人种,白种人的骨盆更宽,而婴儿的头部更小,更容易顺产,所以对他们来说,"坐月子"并没有如此重要。虽然不知这种理论从何人而起,但韩国人好像都已默认。我最初也对此深信不疑,但一天,我突然在研究所里萌生了一个想法:如果这种说法是正确的,那么为什么这个差异没有被用作区分人种的方法呢?过去100年间,无数人类学家参与研究了人种的区分方法。学者们对人体内的所有骨骼进行了细致的测量,分析可以从哪些部位判断人种。但经过各种缜密的分析之后,除了脸骨,并没有找到其他可以清晰分辨人种的骨骼部位。如果白种人与亚洲人种的骨盆确实存在差异,那么为什么这些学者对此一无所知呢?

我的好奇心又一次被调动了起来。或者说,这并不仅是好奇心作祟,而是骨骼研究学者必须彻底了解的问题。如果这种说法正确,它将成为我发现全新的人种区分方法的绝佳机会。于是,我开始急切地翻阅论文,可几乎找不到关于人种间骨盆差异的研究,只有妇产科医生所写的关于不同人种在分娩过程或产后恢复阶段是否存在差异的论文。

此类论文大部分以黑种人和白种人为研究对象,结论各不相同。虽然不同人种之间确实存在一定程度的差异,但是这种差异是否具有统计学意义，还需要更深入的探讨。除白种人和黑种人外，对亚洲人种以及生活在中南美洲的拉丁裔人的研究少之又少。虽然经常可以看到一些研究称，亚洲人种的骨密度相比其他人种明显较低，但有关亚洲人种骨盆较小的研究几乎无处可寻。虽然也有研究提到"亚洲人种的骨盆并不比其他人种小，但形状有所不同"，可这种分析也并非定论，没有成型的论文。

## 亚洲人种婴儿的头部真的更大吗？

除"亚洲人种的骨盆较小"之外，有关"亚洲人种婴儿的头部相对较大"的说法也普遍流行。根据这种说法，正是因为亚洲人种的骨盆较小，而婴儿的头部较大，亚洲产妇发生难产的概率才更大。因此，韩国产妇在分娩时，有时甚至需要接受会阴切开术。刚刚出生的新生儿暂且不做比较，但通过不满 1 岁的婴儿可以明显看出，亚洲人种的婴儿头部更大。我女儿在美国的儿童成长记录单上的头围大小一直都处于同龄儿童中的前 20%，那么，关于婴儿头部大小的说法是真的？但我女儿 1 岁时，身高和体重都处于同龄儿童的前 1%。因此，就我女儿的情况而言，她并不是只有头部大，而是整个身体都比较大，自然脑部也会成比例偏大。如果确实亚洲妈妈们的骨盆较小，而胎儿的头部更大，那么在现代医学发展之前，这种生理上的差异甚至有可能导致人种灭绝。事实究竟是否如此呢？

我很容易就找到了有关不同人种新生儿头围大小的研究。尤其是以墨西哥中南美人以及亚洲人种居民较多的加利福尼亚医院为中心，

针对新生儿的身高、体重、头围大小等的对比分析很是丰富。过去
10~20 年间，与在美国出生的 4 万余名各人种新生儿比较，亚洲人
种新生儿的体重、身高、头围的平均值都比白人和黑人偏小。虽然看
上去西方儿童的头部貌似更小，但也要考虑是否是由于身体比例造
成的。

　　我们未能找到韩国女性的骨盆较小，而新生儿头部较大的科学依
据。我也经常能够听到那些比我高、身体素质比我好的白人朋友们说，
她们分娩时受了不少苦。我的一位朋友两次分娩时，都错过了无痛分
娩的药效期，分娩过程中受尽了痛苦。再提到生孩子时，她已极力摇
头，说再也不生了。当然，这位朋友生产后不久就可以带着两个孩子
来我家串门了。而我和她相比，身体更弱，生产后的第一个月里绝对
没法出门，我也不禁惊叹于她的恢复速度。我怀疑，其实这与妈妈的
骨盆大小或者孩子的头围大小并无关系，而是因为她平时进行更多运
动，所以体质比我好。虽然我也曾自称是"铁人"，但与一有时间就去
室外或在跑步机上跑步的美国人相比，体质还是相差甚远。经常运动
的人的全身肌肉到底还是比较结实，生产之后，身体的恢复速度也会
快于常人。

　　关于"坐月子"效果的研究结论尚未得出，所以产妇"坐月子"的
必要性尚无定论。有些人相信我们祖先世世代代遗留下来的传统一定有
其道理，所以完全照做；但有些人像我一样，忍受不了不洗澡或其他要
求，就按照适合自己的方式"坐月子"。人们所说的"人到中年之后膝
盖和肩膀痛"，到底是因为没有"坐月子"还是因为骨质老化，我们也
还不得而知。女性体内的激素使得女性比男性身体稍弱一些，身体各部

位也更容易出现疼痛和老化的症状，而中年女性膝盖和肩膀出现痛症的概率也更高。相比之下，没有 "坐月子" 而在中年之后出现这种症状的可能性却相对低一些。话虽如此，但生产之后的一段时间内，多调养身体毕竟没有坏处，免得在中年之后身体出现酸痛症状时，归咎于当时没有 "坐月子"。

# 海狗从非洲带来的结核病菌

　　脊柱结核会引起脊椎骨发生严重问题。大部分结核患者是由于肺部出现炎症而患有肺结核，然而，10%~15% 的结核患者体内的结核菌引起的是脊柱部位的炎症，而非肺部。这种由结核菌导致的脊柱炎症称为脊柱结核。

　　韩国的结核发病率相对较高。根据世界银行贷款结核病控制项目 2012 年发布的"每 10 万人中的结核患者数"，美国为 4 人，荷兰为 6 人，日本为 19 人，中国为 73 人，而韩国为 108 人，是 OECD 成员中的第一名。这个数字虽不及埃塞俄比亚的 247 人或安哥拉的 316 人，但韩国仍属于高发病率国家，被列为"易感染结核地区"。

　　我记得一直到我上小学时，每到年末，学校里还会集体买"圣诞节邮票"（Christmas Seal）。每到圣诞节，大家会把这种看似邮票但实际并不是邮票的票据贴在卡片上，送给朋友。当时我还不清楚那是什么。其实，大韩结核协会从 20 世纪 30 年代就开始每年发行"圣诞节邮票"，"邮票"的销售收入会用于结核疾病宣传以及结核菌检疫工作。后来，随着送卡片的人越来越少，现在已经由"邮票"的形式变为了贴纸。出于好奇，我查了下之前发行的贴纸：2009 年是"金妍儿"，2011 年是

"小企鹅波鲁鲁和它的朋友们"，都是大众熟知的形象；而 2014 年则以"生长在白头大干①的野生动植物"为主题。

结核病在人类历史上夺走的性命最多。万幸的是，得益于医学的进步，现在结核病已经没有历史上那么危险，但依然不能治愈。在结核发病率偏高的韩国，婴儿在出生的 1 个月内就要接受结核疫苗的注射。而美国由于发病率很低，婴儿不需要接种结核疫苗。

我女儿在美国出生，她在 2 个月时，跟着要去韩国出差的妈妈第一次坐了飞机。可能在很多人印象中，夏威夷与韩国相距很近，但其实要飞 10 多个小时才能到。带着一个刚出生不久的婴儿坐挤得满满的飞机，我虽然很不放心，但也没有更好的对策。作为新手妈妈，我认真地准备着需要带到飞机上的物品。此时突然想到，如果要去韩国，是不是需要给孩子接种结核疫苗。韩国目前的结核发病率还比较高，刚出生 2 个月不到的婴儿应该接受结核疾病的预防吧？为此，我询问了女儿的儿科医生，他有 40 年的从医经验，他的回答很肯定：虽然韩国的结核发病率高，但女儿在美国出生并将在美国长大，不要接受结核的预防疫苗。理由是，在美国，孩子从进幼儿园开始到上大学，甚至到大学毕业后参加工作，都会定时进行结核菌的检疫。将用于检测人或动物是否感染结核的结核菌素少量注射到手臂内，如果 48~72 小时内呈阳性，则代表有可能感染结核疾病。

由于美国人不注射结核疫苗，所以只有真正患有结核疾病的人才会在检疫中呈现阳性。但在韩国，由于大部分人进行了结核疫苗的注射，所以很多人即使没有感染结核，在检测中也会呈现阳性。接种结核疫苗

---

① 从长白山开始，纵跨朝鲜半岛，经头流山、金刚山、雪岳山、五台山、太白山、俗离山，直到智异山为止，总长 1625 千米，是朝鲜半岛最高、最长的山脉。——编者注

的原理是，在人体内注射少量结核菌，使人的体内形成对该种病菌的免疫力，所以这些注射入人体的结核病菌会在后期的结核检疫中呈现阳性。在美国，如果结核检疫中皮试出现阳性反应，将会是一件很让人头疼的事情。因为无论之前是否注射过结核的预防疫苗，学校都会要求提供胸部 X 射线照片证明学生确实未患结核疾病。我女儿上的幼儿园每年也需要家长提供"在结核检疫中呈现阴性"的证明，才允许孩子继续入学。因此，如果女儿之后要在美国长大，就不要注射结核疫苗。我刚来美国时，大部分韩国留学生由于在结核检疫中皮试状态呈现阳性，都被要求拍摄 X 射线照片。但不知为何，虽然我之前也接种了结核疫苗，但我的检疫结果却是阴性。因此，我免除了一些烦琐的事情，但不知到底是好事还是坏事，心情很复杂。

结核病的症状与感冒很像，会使人发热、咳嗽、易疲劳。但如果平时并没有不适的腰部或背部产生痛感，则有可能是脊柱结核。脊柱结核的历史很长，可以追溯到埃及的木乃伊身上。18 世纪英国医生帕西瓦尔·波特（1714—1788）在他的医学报告中，将之称为"结核性脊柱炎"，之后人们以他的名字命名该疾病为"波特病"。

脊柱结核通常长在脊椎骨中靠近胸部的胸椎上。脊椎骨中只要有一根产生炎症，病情就会向上下扩散。扩散过程中，椎间软骨也会感染炎症。此时如果任由病情发展，脊椎骨就会被结核菌破坏而向前弯曲，从而导致背部弯曲。随着医学技术的发展，现代人在病情恶化之前就能得到诊断，通过药物可以对其进行一定程度的治疗。在没有药物治疗的时期，患有脊柱结核的患者有很大概率会因此成为后天性脊椎残疾人。可能就是由于这个原因，考古学遗迹中经常能够发现带有脊柱结核的弯曲的脊椎遗骨。

# 从 1000 年前的人类遗骨中发现结核的痕迹

1492 年，哥伦布发现美洲大陆。当时，住在美洲大陆的大约 1800 万原住民被初次遇到的欧洲人夺走了土地。美国西部片中经常描述欧洲人残忍杀害原住民的画面，但事实上，致使 90% 的原住民死亡的原因并不是欧洲人的枪炮，而是他们从欧洲带来的病毒。原住民毫无防备，被暴露在此前从未接触过的天花病毒、白喉病菌、麻疹病毒环境中，结果大面积死亡。尤其是结核病菌，以迅猛的态势在美洲大陆扩散。当然，在欧洲人到达美洲大陆之前，美洲原住民也并非没有任何疾病。从美国考古学遗迹中发现的人类遗骨可知，它们也与其他大陆发现的人类遗骨一样，存在患病的痕迹。然而，这些疾病的产生与当地的生存环境和风土因素相同，所以人们能够自发找到针对的治疗药，并且身体里已经产生了对这类疾病的免疫力。可是对于欧洲人突然闯入带来的疾病，原住民束手无策，倒在了这些陌生病原体的脚下。

现在，让我们听听与刚刚所说的史实完全不同的骨骼的故事。考古学家在南美秘鲁海岸发现了距今 1000 多年的骨骼，并在其中发现了结核的痕迹。哥伦布发现美洲是在 500 多年前，而这块 1000 多年前的骨骼显然属于此前生活在南美大陆的人类。之后这个地区出土的遗骨中，也经常能够发现结核的痕迹。是不是有些奇怪呢？如果美洲原住民由于不能抵抗欧洲人带来的结核病毒而大批死亡，那么在 1492 年之前生活在此的人类身上，是不应该找到结核的痕迹的。但事实竟然是，南美洲原住民此前已经开始患有结核病，这到底是怎么回事呢？带着这个疑问，人类学家和遗传学家合作展开了研究。

结核菌是伴随了人类数千年的恶性病菌。直到 20 世纪 60 年代人们还认为，结核病是新石器时期开始农耕文明后，从牛、猪这些家畜身上传染给人类的。但通过对结核菌遗传基因的分析，科学家们认为，结核菌从人类传染给牛的可能性反而更大。如果不分析遗传基因，猪、牛这些家畜到现在恐怕还要为人类背黑锅。结核菌有很多种，其中，我们在非洲人类身上发现了最多种类的结核菌。也就是说，结核菌最初的发源地是非洲。因为遗传学家认为，遗传多样性最高的地区就是该物种的起源地。

发源于非洲的结核病菌借助人类的流动，扩散到其他地区。这些并不受欢迎的结核病菌，生命力极其顽强地跟随人类移动并逐渐扩散。数千年前，随着进入农耕社会，人类开始了更大规模的聚居生活。这对病菌来说是一件再好不过的事情，因为它们能够在更短的时间内扩散到更多人身上。1492 年之前，结核病菌可能已经通过这个过程扩散到了美洲大陆。如果是这样的话，为什么在欧洲人登上美洲大陆之后，原住民毫无抵抗能力，陆续死亡呢？美洲原住民应该已经在一定程度上对结核病菌具有免疫力了呀。

为了解答这个疑问，学者们以在北美洲和中南美洲发现的具有结核痕迹的人类遗骨为对象，开始了病菌遗传基因的提取研究。由于遗骨已经历经千年，对此进行遗传基因的提取并不容易。万幸的是，在 68 具遗骨中，科学家们成功提取了 3 具遗骨中的遗传基因。虽然从脊椎骨损伤的形态上能够明显看出脊柱结核的痕迹，但并不确定是否是其他未知的疾病导致的脊椎变形。然而，遗传学家提取的遗传基因证明，这些遗骨的主人确实感染了结核菌。

但是，这种结核菌与哥伦布从欧洲带来的结核菌是完全不同的种类。生活在美洲大陆的原住民所患的结核疾病的病菌与欧洲人带来的结核病菌完全不同。根据遗传基因的性状判断，欧洲人来到美洲大陆之前的遗骨中发现的结核菌是一种在地球上存在不超过 2500 年的"年幼"病菌。但问题是，这种"年幼"病菌的发源地是非洲。

2500 年前发源于非洲的病菌是如何扩散到南美大陆的呢？非洲大陆和南美大陆之间隔着辽阔的大西洋，即使在现代，坐飞机也要 10 小时以上才能穿越，那么结核菌是如何到达的呢？

人类实现乘船穿越如此远的距离，最多也不过数百年。因此，当时非洲人乘船到达美洲的可能性极低。可是病菌也不可能长了翅膀自己飞到美洲大陆，那到底是怎么回事呢？为了弄清楚这个疑问，学者们拼命钻研，结果突然得到灵感——海狗！海狗在秘鲁海岸生活了数千年，与在秘鲁生活的人们有着密不可分的关系。对于秘鲁人来说，海狗不只是食物，其毛皮更是制作衣物的原材料。在秘鲁的考古遗迹中，我们经常能够发现海狗的遗骨，以及画有海狗的图画。

那么，病菌会不会是通过海狗的身体穿越大西洋的呢？果然，这个假设是正确的。在美洲大陆 1000 多年前的遗骨中发现的结核病菌，与如今海狗和海豹身上携带的结核菌属于同一种。正如禽流感是从与人类共同生活的鸡或鸭体内传染到人类体内一样，人类与其他动物也能够互相传染病菌。发源于非洲的结核菌传染到海狗体内，海狗穿越大西洋到达南美洲之后，又将病菌传染给当地居民。然而，海狗带来的结核菌与 1492 年欧洲人带来的结核菌完全不同，所以原住民对欧洲人带来的全新病菌根本没有任何免疫力，最终大量丧命于结核病。

# 每天都要进行"光合作用"

韩国的基础教育阶段课本中说，缺乏维生素 D 时，人会患有使骨骼弯曲的佝偻病。正因如此，不管有没有学习相关专业，韩国人通常都知道这个常识。直到我上中学的时候，学校里的女生还要听家政课程，男同学要听一门"技术"课。在"家庭"课上，两个班级合并在一起，然后男女生分开上课。虽然我中学毕业已经 20 多年了，却依然记得当年"家庭"课上学到的一些东西：做大酱汤的话，什么时候放豆腐；腌萝卜泡菜时，要切成边长几厘米的正方体；脂溶性维生素包括维生素 A、D、E、K，缺乏维生素 C 会导致败血症，缺乏维生素 D 会导致佝偻病；等等。我不知道为什么只记得这些内容，但很清楚地记得当时考试的题目。

现在回想起来，上学时竟然会考"做大酱汤的话要在什么时候放豆腐"这种问题，真令人惊讶。牛杂汤店里的萝卜泡菜块很大，但猪排店里的又很小，结果考试时却问"萝卜泡菜块的标准边长是几厘米"这种问题，真让人无法理解。不管怎样，当年学习的关于维生素的常识，在之后我在美国的学习中还是很有用处的。

正如我在中学时学到的那样，如果人体缺少维生素 D，就会导致骨骼弯曲。也许你会疑惑，之前明明说过保持骨骼健壮的重要元素是钙，现在怎么又突然说起其他元素呢？简单地说，不管你吃了多少含钙量丰富的小银鱼、牛奶、奶酪、酸奶，如果体内的维生素 D 不提供帮助，那么这些钙量是无法被身体吸收的。因此，如果体内缺乏维生素 D，那无疑也会缺钙。我们说骨骼是钙的仓库，如果体内缺钙，骨骼就一定会发生问题。尤其是对于正在长身体的小孩子来说，将更是致命性的问题。骨骼要生长就需要足够的钙，体内钙量供应不足就会导致骨骼像弓一样弯曲。

人体内所需的维生素 D 可以像其他维生素一样通过食物摄取，或通过阳光获得，此外没有其他方式。我们体内所需量不多的激素与维生素的不同点就在于此。激素可以在体内合成，而维生素则不行。由于获取维生素 D 的方式只有两种，如果二者缺一或都缺乏，人就会患有佝偻病。富含维生素 D 的三文鱼、金枪鱼、青花鱼、香菇、黄油、鸡蛋等食物吃得太少，或不能接收足够的阳光，都可能是导致佝偻病的原因。因此，美国法律规定，牛奶中必须含有一定量的维生素 D。美国联邦政府规定，每 0.94 升牛奶中要含有 400~800 IU（international unit，多个国家共同使用的统一国际单位）的维生素 D。我查了查韩国的规定，目前成人的每日标准量是 200 IU，50 岁以上人群的标准是 400 IU。美国的标准量是韩国的两倍，成人 400 IU，老年人 800~1000 IU。

近年来，维生素 D 比其他种类的维生素更受学者关注，是"颇具人气"的研究对象。随着学术发展，人们发现，现在规定的标准剂量相比于人体内所需的维生素 D 用量明显不足。有学者建议，人体每天所需的维生素 D 为 1000 IU，要想达到这个标准，需要每天吃 40 个蛋黄、3 条青花鱼。但是，这种吃法会导致胆固醇过高，引发其他病症，而且有可能伤了胃口。真可谓过犹不及！

　　幸运的是，随着口服维生素的开发，即使不吃含有维生素 D 的食物，或在室内不晒太阳，也可以摄取足量的维生素 D。因此，佝偻病患者现在已经比较少见了。然而在 20 世纪上半叶的美国，佝偻病在黑人儿童中非常普遍，以致当时的医生理所当然地以为黑人都会得这种病。当时，大多数种族主义者认为，黑人比白人劣等。虽然我们现在知道这种说法很荒诞，但当时的人们认为，"肮脏的"黑种人才会得佝偻病。也因此，佝偻病竟成为证明黑种人比白种人肮脏劣等的"证据"。

## 为什么黑种人更易患有佝偻病？

　　在那个几乎所有人都相信黑种人"更劣等"的年代，有一位医生对此持怀疑态度，他就是毕业于哈佛大学医学院、任职于纽约哥伦比亚大学的艾尔弗雷德·赫斯（1875—1933）。赫斯博士不仅发现了佝偻病，还发现如果体内缺乏维生素 C，会患上导致牙床出血的坏血症。也就是说，他就是我在中学时"家庭"课上学到的关于维生素知识的鼻祖。

　　赫斯博士不仅因为学术成就而被人们熟知，其岳家的悲苦家事也广为流传。赫斯的妻子是当时美国著名的博爱主义企业家、政治家伊思德·施特劳斯的第四个女儿。伊思德是梅西百货店的主人，他使画有红星旗帜的店铺从纽约市中心起步，扩展到美国各地。他和妻子埃达非常高兴自己的宝贝女儿嫁了聪明诚实的艾尔弗雷德。德国移民家庭出身的伊思德和妻子经常在美国和欧洲之间往来，等他们的子女都结婚之后，夫妻俩才得以悠闲地享受欧洲旅行。然而时间一久，他们也开始怀念儿孙生活的美国。

于是，伊思德夫妇登上了从英国出发开往纽约的大型轮船——"泰坦尼克"号。沉船之时，船上的绅士们将女人和孩子优先送上了救生艇。轮到埃达登艇时，她无论如何都不愿与生活了一辈子的丈夫分开独自逃生。可此时还有没有被送上救生艇的女人和孩子，伊思德说他绝不会先上船逃命。最终，这对夫妇决定同生共死。埃达把服侍自己的女仆推上了救生艇，并脱下身上的外套给她穿上。夫妇二人紧紧相拥，最后双双沉入海底。

从幸存者口中，人们得知了伊思德夫妇的牺牲精神和美丽的爱情故事。伊思德的尸体在沉船之后很快就被发现了，但遗憾的是，埃达的尸体却始终未能找到。他们的 3 个儿子为了纪念父母，在母校哈佛大学建造了以父母之姓命名的新生宿舍——施特劳斯楼。

这个美丽故事的主人公伊思德尤其喜爱女婿赫斯，后者对佝偻病有着这样的疑问：如果黑人因为"肮脏劣等"而患有佝偻病，为什么生活在非洲和印度地区的黑人却没有生病呢？不可能因为生活在美国的黑种人"更加劣等"才患有这种病，那会不会这种疾病其实与人种并没有关系呢？赫斯开始不舍昼夜地对这个问题展开研究，最终得出结论：佝偻病与人种没有关系，而是取决于接受太阳照射的程度。此外，对于同样的阳光照射，肤色越黑，吸收阳光需要的时间越长。

有人可能会认为，黑色更容易吸收阳光，所以肤色越黑，身体对阳光的吸收会越好。但其实，人体的肤色越黑，皮肤中具有隔离紫外线功能的细胞越多，反而更容易反射阳光。如果黑人和白人在相同的阳光下照射，黑人的皮肤会反射阳光，吸收到体内的阳光较少，而白人的浅色皮肤会吸收大量阳光。韩国人属于黄种人，如果不擦防晒霜，将手臂和双腿都暴露在阳光下 10 分钟左右，可以吸收大概 1000 IU 的维生素 D；但黑人如果要合成同量的维生素 D，需要 6 倍的时间。

以此为依据，赫斯博士得出结论：黑种人更容易患佝偻病是因为他们的肤色导致体内吸收的阳光量较少。因此，他主张，对于佝偻病患者，应当采取日光疗法。当时，赫斯的患者都把病床拖到室外，像在海边晒日光浴一样，在医院的院子里一排排地躺着，成为一道有趣的风景。

1865 年，美国南北战争结束之后，黑人奴隶得到解放，很多黑人为了找工作而聚集到巴尔的摩或华盛顿这些大都市。当时的城市环境很恶劣，远不如现在，密密麻麻的建筑像雨后春笋一样拔地而起，城市里一直是灰蒙蒙的。由于阳光照射不足，在这种环境中成长的黑人孩子通常都会缺乏维生素 D。不仅如此，成年之后，他们大部分时间都要在室内工厂中工作，所以一生都被缺乏维生素 D 困扰。特别是女性，骨盆骨骼脆弱，导致分娩过程异常痛苦。这是由于体内缺乏维生素 D，长形的腿骨会像弓一样变弯，而骨盆这种圆形的骨骼结构也会变形，使婴儿从产道中分娩出来的难度加大。

这些原因使生活在美国的黑人很容易患上佝偻病，而终日生活在烈日照射下的非洲黑人由于吸收了充足的维生素 D，所以很少有此类患者。简言之，黑人的肤色使其不适合生活在阳光照射少的地方。

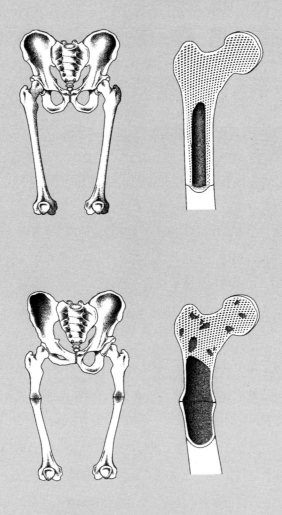

**正常的骨骼（上）与患有佝偻病的骨骼（下）** 佝偻病是体内缺乏维生素 D 导致的骨骼弯曲的疾病。如果患有佝偻病，不仅腿骨会像弓一样变弯，骨盆也会发生奇怪的变形，导致女性难产

# 一定要隔离所有紫外线吗？

那么，阳光与我们体内吸收的成分以及骨骼健壮发育之间到底有什么关系呢？皮肤暴露在紫外线中时，会与体内的胆固醇发生反应，在体内合成维生素 D。维生素 D 帮助身体吸收钙，钙积累在骨骼中，使骨骼强健。在赫斯博士积极开展研究的 20 世纪 10~30 年代，人们首次发现维生素。此后，关于如何获取维生素、维生素对身体有哪些作用的研究开始陆续展开。

美国的生化学家发现，给患有佝偻病而蜷缩的狗喂鳕鱼肝油，可以使狗重新焕发活力。深海鱼油中的成分称为"维生素 A"，它是人类最早发现的维生素，所以以 26 个英文字母中的第一个字母 A 命名。狗由骨骼弯曲恢复到活力十足，这使得学者们认为维生素 A 能够治愈佝偻病。然而，给狗喂剔除维生素 A 的鱼油时，狗依旧能够好转。也就是说，治愈佝偻病的物质并不是维生素 A。因此，学者们将这种能够治愈佝偻病的新物质命名为维生素 D（因为发现维生素 A 之后，科学家们又陆续发现了维生素 B 和 C）。赫斯总结出自己的理论：接收阳光并吸收紫外线→皮肤内合成维生素 D→维生素 D 帮助吸收钙成分→钙成分在骨骼内堆积→骨骼健壮。这就是赫斯的"日光疗法原理"。

某时尚杂志曾经进行过一次问卷调查："如果只允许带一件东西去无人岛，你会选择什么？"最多的答案是"防晒霜"。现代社会，人们好像即使外出 1 分钟也要擦防晒霜。紫外线能够对餐具杀菌消毒，属强烈物质，如果深入皮肤，会破坏皮肤内的 DNA。因此，人们为了最大限度减少紫外线对皮肤的刺激，都选择擦防晒霜。

2003 年刚刚去美国留学的时候，我还几乎从不擦防晒霜，因为讨厌擦完防晒霜之后油腻腻的感觉。现在回想,当时我能在阳光强烈的加利福尼亚不擦防晒霜到处走,真是"无知者无畏"啊。(我脸上的皱纹就是那个时候长出来的!)现在,我生活在日光更为强烈的夏威夷,就连对化妆品一无所知的丈夫每次出门之前也会认真地在脸上涂防晒霜。认为"阳光就是维他命 D"并强调进行日光疗法的赫斯如果知道,一定会气疯的。那么,到底是赫斯当时并不知道紫外线的危险性,还是我们现在对紫外线过于防备呢?两个都是正确答案。

大部分防晒霜上会写着"隔离 UVB"(ultraviolet B,紫外线 B 的简称)的字样。因为在紫外线中,主要是 UVB 深入皮肤之后会破坏 DNA,所以防晒霜上会特别强调。那么,到底是不是一定要隔离所有紫外线呢?并非如此。因为体内合成维生素 D 时,需要适量 UVB。过多接收阳光照射会导致皮肤晒伤,加速皮肤老化,但过分防晒会导致体内维生素 D 不足,对健康也是有害的。有新闻报道称,韩国人缺乏维生素 D 的现象很严重。这是由于人们涂的防晒霜过多,并且室外活动的时间减少。对于日光浴来说,"度"很重要。

我有一个朋友住在瑞典。每次去欧洲参加学会,我都会在结束之后坐飞机去瑞典,见这位 20 年的知己。为了远道而来的我,朋友每天都会准备丰盛的大餐,在饭桌前像回到高中时代一样,和我没完没了地聊天。我两次去瑞典都是在夏天,所以在我的印象中,瑞典是一个山好水美的地方。但朋友说瑞典的冬天很难熬,而且格外漫长。过完短暂的夏天,一到 10 月,白天就开始变短。人们天还没亮就上班,天已经很黑了才下班。

在从 10 月开始到次年 4~5 月份的漫长冬天里,白天也没有阳光,全天只能看到被云覆盖的灰色天空。如果偶尔云淡风轻，天空蔚蓝，人们都会走到户外。他们坐在外面干什么呢？人们会告诉你，因为太阳出来了，所以坐在外面什么都不干，只是为了晒太阳。当然，此时是不会涂防晒霜的！等一下，生活在美国大都市几乎不晒太阳的黑人会因为接收不到阳光而患有佝偻病，那生活在漫长冬天少见阳光的瑞典人是不是也会这样呢？令人意外的是，不只是在瑞典，整个北欧的佝偻病患者都很少见。更准确地说，生活在瑞典的白人患佝偻病的概率很低，但生活在这里的黑人患佝偻病的概率较高。为什么生活在同一地区不同人种的骨骼健康状态会有不同呢？让我们先把骨骼的问题放一放，了解一下有关肤色的知识。

# 肤色的秘密：白人患皮肤癌，黑人患佝偻病

没有任何瑕疵、如瓷器般洁白的肤色，是韩国人的终极渴望。美白化妆品常年走俏，防止脸部暴露在紫外线下的各种防晒产品人气火爆。然而在美国，人们却在为拥有褐色皮肤努力。天气好的日子里，会有很多只穿着比基尼的学生躺在大学校园的草坪上。有趣的是，区分来美不久的韩国人和在美韩侨的一个方法就是观察肤色。侨胞们基本都是黝黑的皮肤，而刚到美国的韩国人皮肤都像陶瓷一样白。我在留学初期还认为白色皮肤更美，但人的审美是会变的，在美国生活10年后，现在我觉得偏黑的肤色更美。我妹妹比我肤色白，来夏威夷玩的时候，我看到许久没见过的白色皮肤还觉得有些陌生，甚至嘲笑她："肤色这么白，我都不好意思和你一起出去玩了。"

韩国人天生肤色不黑不白，属于中间色。世世代代生活在赤道附近的非洲刚果人比朝鲜半岛世代相传的韩国人皮肤更黑，而祖祖辈辈生活在瑞典的人们比韩国人皮肤更白。此处，大家需要注意"世世代代""世代相传""祖祖辈辈"这几个词。这种肤色的差异是如何形成的呢？刚果、韩国和瑞典的区别是什么？

阳光照射量增多，其中具有的紫外线量自然也会增多。穿过大气层到达地表的紫外线量会随着不同地区的纬度、湿度和季节而不同。刚果地区全年日照时间最短的季节到达地表的紫外线量，比瑞典全年日照时间最长的夏季到达地表的紫外线量都多。正因如此，瑞典人为了吸收那少得可怜的紫外线，只要有太阳就会走到室外。

如果将到达地球各处地表的紫外线量以及各地居民肤色画成分布图，就会发现一个有趣的规律：各地到达地表的紫外线量与肤色深度成正比。越是地表紫外线多的地区，居民肤色就越黑；而生活在紫外线少的地区的人们，肤色偏白。这个规律明显到我们不能将它称之为"巧合"，因为人的肤色越黑，越能够起到隔离紫外线的作用。

# 皮肤癌和佝偻病是人类迁移导致的现代病

肤色黑，也就是说皮肤中的黑色素多。黑色素不只存在于我们的皮肤、头发、眼球，还决定着地球上很多动植物的颜色。黑色素细胞可以产生真黑色素和褐黑色素两种色素，其中黑色的真黑色素量越大，肤色就越深。我们看到肤色很白的人会开玩笑说"缺乏黑色素"，这里说的"黑色素"就是真黑色素。白虎这种动物生下来就是白色的，是因为黑色素细胞发生突变，导致没有真黑色素产生。真黑色素可以保护皮肤、隔离紫外线，可以视为天然的防晒霜。

与我们所知的黑色更容易吸收阳光不同，皮肤的"黑色"是完全不同的概念。肤色越黑的人，越不能擦大量防晒霜。因此，刚果或印度尼西亚人生活在阳光照射强烈的赤道附近，由于体内的真黑色素量大，即使不擦防晒霜也不用担心患皮肤癌。而褐黑色素是黄褐色的，与真黑色素不同，不能保护皮肤。肤色白的人体内几乎没有真黑色素，主要是褐黑色素。紫外线遇到褐黑色素后会生成更多褐黑色素，这个过程中会产生不稳定的活性氧，这正是导致皮肤老化和皮肤癌等疾病的原因。

对于生活在日照强烈、气温将近 45 摄氏度的澳洲的白人来说，皮肤癌是最可怕的疾病。白种人肤色白，体内没有隔离强烈紫外线的真黑色素，患有皮肤癌的概率很高。然而，长期生活在澳洲的原住民却完全不用担心，因为他们祖祖辈辈生活在强烈的紫外线之下，身体已经适应环境，甚至已经成为全世界肤色最黑的人群之一。如果没有防晒霜，生活在澳洲的白种人无法在强烈的日照下生存很久。

黑色素不仅决定人的肤色，也决定了人的眼球颜色。你没有见过肤色黝黑的澳洲原住民戴墨镜吧？而蓝色眼球的白种人即使在阳光不很强烈的天气出门，也要戴太阳镜。韩国人与澳洲原住民相同，眼球颜色偏黑，眼球中的真黑色素较多。就像黑色肤色是天然的防晒霜一样，黑色眼球是天然的墨镜。因此，韩国人即便在阳光很足的天气里，也不至于觉得阳光刺眼。而白种人的蓝色眼球中由于没有黑色素，相比于拥有黑色眼球的人们，他们对阳光更加敏感。我妹妹肤色很白，她就经常会感觉阳光刺眼。妹妹小时候的照片只要是在有阳光的地方拍的，表情都很扭曲，这就是因为她的皮肤和眼球中黑色素含量较少。

大部分韩国人如果夏天在海边玩的时间长一些，皮肤就会被晒得很黑。这是因为皮肤接收到的紫外线突然增多，身体为了保护皮肤，自动生成更多真黑色素来隔离紫外线。因此，皮肤被晒黑并不是什么坏事。然而，白人如果长期在室外活动，皮肤不仅不会晒黑，反而会变红。这是由于白人的皮肤细胞不能生成真黑色素，而只能生成褐黑色素。因此，白人皮肤变红是因为皮肤被晒伤。如果这种状况长时间持续反复，就会导致体内活性氧增多，最终引发皮肤癌。

目前，全球医学以西医为主流，所以以白种人为对象进行的医学研究也最多。同样，关于皮肤癌和紫外线的研究也很活跃。韩国人比黑种人肤色白，如果长期持续暴露在紫外线中，也是会患皮肤癌的。然而，由于韩国人比白种人能够更好地生成真黑色素，所以在一定程度上可以自行隔离紫外线。因此，没有必要像白种人一样时刻擦防晒霜。

生活在紫外线强烈的刚果地区的居民，如果皮肤不能正常隔离紫外线，强烈的紫外线就会深入皮肤内，破坏 DNA。这种人在刚果生存不会超过一年。同理，生活在高纬度地区的瑞典居民，如果皮肤持续隔离紫外线，也会对身体造成很大伤害，因为体内合成维持骨骼健壮所必需的维生素 D 是不能缺少紫外线的。因此，现代人类的肤色是进化的结果。我们的祖先一直生活在一个地区，为了生存，适当隔离紫外线，进而形成最佳肤色。

白种人患有皮肤癌和黑种人患有佝偻病，都是由于人类离开了祖辈生存的地区，移居到与肤色不匹配的地区而产生的现代病。


# 决定肤色的"16 号"染色体

人类的肤色与其他身体组织一样，都是长期进化的产物。生活在紫外线强烈地区的人们为了适应环境，进化出了黝黑的肤色。最早出现于非洲的人类，肤色一定是黑的。由于皮肤不能像化石一样留下痕迹，根据目前掌握的紫外线相关知识，这是最合理的推测。然而当人类开始从非洲向新环境移居时，皮肤的适应过程明显更迟缓。

对于移居到北欧的人们，尽管当地的紫外线含量突然降低，但他们黝黑的肤色仍然不断隔离紫外线，导致体内无法合成所需的维生素 D。长此以往，骨骼变得脆弱，这对生存是致命性的打击。美国城市中黑人常患的佝偻病就是证据。因此，最早移居到北欧的人类中，肤色较白的人相对更容易生存。在人类的故乡——非洲具有绝对优势的黑色皮肤反而成了在北欧生存的危险因素。因此，在紫外线较弱的地区，人类的肤色逐渐向浅色进化。如果说肤色是进化的产物，那么遗传基因就是对后代的遗传和影响。遗传学家已经对决定皮肤、头发以及眼球颜色的遗传基因及其对后代产生作用的原理了如指掌。

人体内的所有细胞中，共有 23 对染色体。染色体中的遗传基因由约 30 亿个 DNA 碱基对组成。遗传学家通过 2003 年完成的人类基因组计划，成功绘制了 30 亿个 DNA 碱基对序列。借此，我们知道了遗传基因的排列顺序，但关于遗传基因在人体内如何作用，仍处于初步研究阶段。因为 DNA 碱基对数量巨大，而且相比于一个遗传基因决定一种形态，更多的是一个遗传基因影响多种形态，而一种形态的形成需要很多遗传基因共同作用。

具有遗传基因的染色体为 1~22 号，大小、形状、功能都各不相同，最后的 23 号染色体由决定性别的 X 或 Y 染色体两两结合而成。其中，对决定肤色具有重要影响的是 16 号染色体中的 MC1R 基因。这个遗传基因因人而异，也就由此决定了每个人的肤色。比如，一个人的遗传基因组合是 GGGGGG，他的肤色是黑色；而另一个人的遗传基因组合是

AAAAAA，其肤色是白色。遗传基因的组合方式决定了黑色素细胞生成真黑色素还是褐黑色素。如果 A 超过标准值，MC1R 基因的活动就会被抑制。红发白肤、满脸雀斑的人就属于这种情况。

决定肤色的遗传基因由共 3098 个 DNA 碱基对构成，碱基对的组合方式因人而异。然而，并不是 3098 个 DNA 都由 G 构成，肤色才能是黑色。由于常见的遗传基因突变，有 3000 个 G，中间掺杂 98 个 A 的人，肤色也会是黑色。因为大部分遗传基因突变不会对功能产生任何影响。3098 对碱基能够产生的 A 和 G 的组合是无穷无尽的。即使是 1000 个 A 和 2098 个 G，其中 A 和 G 的排列顺序不同，也会产生无数个不同的组合。可能两个 G 之间夹着一个 A，也可能是起初一个 G 和一个 A 依次排列，最后全部是 G。由于这种多样的组合顺序，每个人的遗传基因都各不相同。

然而神奇的是，生活在非洲的近 10 亿人口中，相当多的人几乎携带着相同的决定肤色的遗传基因。为什么会这样呢？在生物学上，如此广阔的地域上分布的人口都具有几乎不存在突变的相同的遗传基因，说明这种遗传基因影响着对生存具有决定性作用的生命形态。这种形态对生存至关重要，所以不允许任何一点变异。这种现象叫作"正向选择"。


# 由于某种错误而产生的"白色"皮肤遗传基因

研究发现，肤色较白的北欧人体内，除 MC1R 基因外，还具有 SLC24A5 基因，这种新型遗传基因具有多种生成途径。此处所说的"新型遗传基因"并不是说染色体中的遗传基因数量增多，而是指现有的遗传基因发生变化，形成了与依存现有遗传基因生成的蛋白质不同种类的其他蛋白质。其中，单个 DNA 核苷酸变异引起的新的遗传基因叫作"单核苷酸多态性"。例如，由 TTTTT 组合的 DNA 序列变异为 TTTCT。我们体内的这种单核苷酸多态性有很多。每当产生一个新细胞，都要对 DNA 进行一次复制过程，30 亿个数量的复制过程中，每 1000 万个就会发生一次这种错误。大部分这种变化不会对遗传基因的功能产生影响。

然而，对白色肤色产生决定性影响的 SLC24A5 基因的情况就大不相同了。虽然只产生了一个 DNA 碱基对的变化，却对生存起到了至关重要的作用。黑色皮肤的 TTTTT 遗传基因因为一个错误变成了 TTTCT，肤色因此变白。这种错误如果发生在非洲人身上，就会因为皮肤无法隔离紫外线导致无法生存。然而，这种变化对于刚刚从非洲迁移到欧洲的智人来说，是绝对有利于生存的条件。这种现象我们称为中了"基因彩票"（genetic lottery），因为单核苷酸多态性改变遗传基因功能的情况其实很少见。移居到欧洲的黑色人种因骨骼变脆弱而生存艰难，得益于这次遗传基因的突变，他们皮肤变白，能够吸收少量紫外线，从而使骨骼强健。

遗传基因发生如此重大的变化后，会以很快的速度扩散到当地的全部人口。如果你质疑竟然能够通过这样的过程使当地人全部进化为白色皮肤的话，那就看看现在智能手机的普及率吧。智能手机从上市到现在还不到 10 年，韩国已经有超过 4000 万人在使用智能手机，相当于全国人口的 80%，而全球有将近 20 亿人在使用智能手机。如果新事物比旧事物具有明显优势，它将在瞬间扩散。只不过智能手机是我们看得见、摸得到的实物，理解起来比较简单，而遗传基因是相对抽象的概念，比较难理解而已。

然而有趣的是，韩国人的肤色虽然没有北欧人那么白，但也属于偏白人种，体内却没有这种"白皮肤"遗传基因。那么，为什么东北亚人的皮肤不是黑色的呢？寻找东北亚人"白色皮肤"遗传基因的研究目前仍在进行。得益于 TTTTT 到 TTTCT 的突变，10 万年前离开非洲大陆移居欧洲的智人才在欧洲大陆站稳脚跟。那么，同时从非洲移居东亚的智人们，得益于哪种变化才能够在中国大陆和朝鲜半岛生存下来呢？

欧洲人和东北亚人的肤色进化是为了适应比赤道附近地区更少的紫外线照射量，而这两处环境相似的地区生存的人类却有着相对独立的进化过程。就像南极和北极的鱼类为了不被冻死在冰冷的环境里，各自体内生成了不同的"防冻液"一样（这个有趣的故事会在第 3 章中提到），希望我们能够很快听到"发现韩国人'白色皮肤'遗传基因"的报道。

# DNA鉴定无所不能吗？

随着《犯罪现场调查》等刑侦片的流行，使用 DNA 调查案件的方式已被人们所熟知。因此，发现尸骨却无法判定死者身份时，很多人会说："嗯？做 DNA 鉴定不是就可以了吗？"电视剧里动辄动用全套尖端科技装备，把 DNA 鉴定打造成可以解决所有问题的"万能钥匙"。这种电视剧看多了就会自然而然地认为，只要有一缕头发、一滴血迹、一小块尸骨，就能够通过便携式机器将其遗传基因提取出来，并即刻明确当事人的身份。然而，这只是想象。

首先，从骨骼中提取遗传基因并没有想象的那么快。此外，遗传基因的分析和比对并不能像指纹比对一样快速完成。人体内的细胞中存在 30 亿对不同的 DNA 碱基。然而，地球上生存的全体人类具有的 30 亿对 DNA 碱基几乎都是相同的。因为人要正常出生，胳膊、腿、头、身躯等身体结构都要相同。但是，观察周围的人就会发现，大家的长相都各自不同，因为 DNA 中很小的一部分是因人而异的。由于目前科学家已经发现了哪些遗传基因会造成个人差异，所以遗传学家不需要分析全部 30 亿对遗传基因，只需分析造成个人差异的某些特定基因即可。

　　然而，通过从地下挖掘到的历史久远的遗骨中提取 DNA 以判断身份，是非常有难度的。因为 DNA 不像身份证号码，具有固定的比对系统，所以只凭 DNA 分析结果很难判定身份，必须有能够进行比对的样本。除非此人生前将自己的 DNA 上传到失踪者 DNA 数据库，但这种可能性极低，更不要说 20 世纪 80 年代之前那些无法通过 DNA 鉴定确定身份的年代了。当然，我们也不是全无办法，发现失踪者遗骨的时候，可以用亲属的 DNA 比对。因为 DNA 一半遗传自母亲，一半遗传自父亲，亲人的 DNA 当然更相似。

# 核 DNA 中的"出生的秘密"

　　人体内的细胞具有细胞核，细胞核中具有"核 DNA"，这就是人们说到 DNA 时想到的 30 亿对碱基序列。每个人的核 DNA 都各不相同，我们与兄弟姐妹、父母都具有不同的核 DNA。精子和卵子相遇的瞬间，精子中一半的遗传基因与卵子中一半的遗传基因结合起来，形成一个新的生命体。此时，没有人知道会从父母双方分别获得哪一半遗传基因。就像买彩票一样，二人的遗传基因会随机排序。

　　我们假设父亲的 DNA 是 0123456789，母亲的 DNA 是 abcdefghij。从父母双方各取一半的遗传基因时，有无数种排列组合。比如大儿子是 01234abcde，二儿子是 56789fghij，三儿子是 13579acegi，四女儿是 34567defgh，新的核 DNA 以这种组合形成。如果死者生前留下了自己的 DNA 样本，就可以通过从遗骨中提取的核 DNA 分析结果与之进行比对。但如果没有留下样本，情况就比较复杂了。然而，如果有父母的遗传基因样本，身份鉴定就不是很困难的事情。

假如发现了两块尸骨，分别对应的核 DNA 分析结果是 01234abcde 和 01234mnopq，那么，谁会是上面假设中的父母的子女呢？答案是第一个人，01234abcde，因为他遗传了父亲的 01234 和母亲的 abcde。而第二个人的 01234mnopq 虽然与父亲的 DNA 相符，但母亲的 DNA 却没有 mnopq 中的任何一个，所以他不是这对夫妻的子女。这就是通过遗传基因进行亲子鉴定的原理。

出生的秘密现在已经被人们熟知，并成为电视剧的创作素材。在遗传基因鉴定尚不常见的时候，主人公得知自己身世的秘密还只能靠偷听他人的对话，或者由控制不住情绪的父亲亲口喊出"我是你爸爸"。然而，在遗传基因鉴定已经普及的现在，情况就不同了。如今的电视剧中，经常出现的剧情变成了双方一起要求做 DNA 鉴定，或被要求做鉴定的人大喊"你以为我不敢做 DNA 鉴定吗"，又或者某一方偷偷把被鉴定人的头发或牙刷送去鉴定中心。伪造亲子鉴定结果以装作是亲子关系或谋求相反结果的剧情，在现在的电视剧里都已大行其道。

主人公双手颤抖，打开装有亲子鉴定结果的信封。此时，镜头通常都会给鉴定报告的最后一行一个特写镜头。红色或加粗字体显示 99.9%，这表明二人在生物学上具有亲子关系。主人公刚刚还在装糊涂，此刻在科学面前也只能有气无力地认输。也有人因为被逼到必须做亲子鉴定的境地而不得不私下妥协，以避免鉴定。这也从侧面说明了遗传基因鉴定的准确性。

# 寻找 10 年前失踪的 "洪吉童"

以活人为对象进行遗传基因鉴定，大部分都可以在一天内得出结论，而且可信程度很高。在我们不知道的每个瞬间，比如摸一下衣领，甚至打一个喷嚏，都会有大量体细胞脱落。一个细胞中含有 30 亿对 DNA 碱基，细胞数量越多，DNA 鉴定越简单。因此，仅仅使用牙刷或梳子上留下的细胞就足以做亲子鉴定。

但问题在于，有些骨骼的时间太久，保存情况并不理想。比如，冬季的一个深夜，明明应该结束兼职回家的 "洪吉童" 还没有到家。电话打不通，过了几天也还是不见人影，家人们匆匆忙忙向警察局申报了失踪。警察做了最坏的打算，为了以备不时之需，建议家人进行遗传基因鉴定。家人们将 "洪吉童" 使用的牙刷送到了鉴定中心，结论是，"洪吉童" 的遗传基因结果为 AAATTT。

一个月过去了，一年之后又是一年，家人们已经渐渐失去了希望。然而，在 "洪吉童" 失踪后的第 10 年，人们在附近的野山中发现了尸骨，并推测是 "洪吉童"。家人们怀着 "活要见人，死要见尸" 的迫切心情，一边庆幸在申报当时留下了 DNA，一边认为确定尸骨是不是 "洪吉童" 只是时间问题。但不知为何，警察却说很难确定身份。为什么都已经发现了尸骨，而且也分析出了 DNA 结果，却不能确定身份呢？

问题在于，已经过去了 10 年时间，骨骼的保存状态很差，其中留存的细胞太少了。从停止呼吸那一刻起，我们的身体就开始腐烂。最先消失的是肉体，随着时间流逝，最后只剩下骨骼。因为骨骼的大部分成分是无机物，不容易腐烂，这与石头不易腐烂的原理相似。然而，由于骨骼中也存在蛋白质等有机物，所以会产生一定程度的腐烂。在这个过程中，骨骼中的细胞就会逐渐消失。

　　这种状态下发现的骨骼是很难做遗传基因鉴定的。因为留在骨骼中的细胞数量很少，准确提取到 DNA 的概率就很低。即使是刚刚死亡的人，在湿度高的环境下，骨骼中的 DNA 也会以很快的速度消失。这就像纸上写的字很久之后会褪色一样，检测出的 DNA 结果也会模糊不清。比如，应该是 AAATTT 的结果只能提取出 A--T--（ - 表示无法分析的部分）。打个比方，纸上写着的"中国人"三个字随着时间的流逝，一部分内容褪掉，只留下了 "- 国 -"。

　　那么，我们能凭着 A--T-- 这个遗传基因鉴定结果，就说尸骨一定是"洪吉童"吗？虽然"洪吉童"的遗传基因可能是 AAATTT，但金哲秀的遗传基因可能是 AATTTT，李英熙的遗传基因可能是 ATTTTT。就像"- 国 -"可能是"中国人"，也有可能是"美国人"或"中国画"一样。这种情况下应作何解释，每个遗传基因鉴定实验室的规定略有不同。当然，虽然全球各地的实验室政策几乎相同，但根据实际的鉴定情况，也会存在一些不同解释的空间。

　　遗传基因并不是能够准确无误鉴定遗骨主人身份的魔法工具，但 A--T-- 的遗传基因分析结果并非全无用处。因为如果同时发现疑似"洪吉童"的遗骨与他失踪当天穿的衣服，以及"洪吉童"的身份证，那么"一部分 DNA 一致"的这项结论就能证明尸骨是"洪吉童"的可能性很大。这种情况下，衣服和身份证都是证据，可以将遗传基因鉴定结果与"洪吉童"的样本进行比对。然而，从野山中发现身份不详的尸骨时，警方往往无从下手。因为如果是很久之前失踪的人或流浪者，那么即使做了 DNA 鉴定，也不知该与谁的样本比对。

　　韩国有 DNA 数据库，就像录入了指纹的身份证系统一样，保存着有前科者的 DNA 样本。将从身份不明的骨骼中提取的 DNA 与这个前科 DNA 数据库做比对，是目前可以尽最大可能做到的。然而，当前还不存在包含全球所有人 DNA 样本的数据库。首先，出于个人信息保护的目的就不会允许这样的数据库存在。因此，将 DNA 鉴定作为刑事案件侦破的万能工具，只是影视剧中为增强趣味性而编造的情节。当然，偶尔也会有奇迹发生。

第 3 章

远古时期骨骼讲述的故事

# 有骨架动物的
# 历史

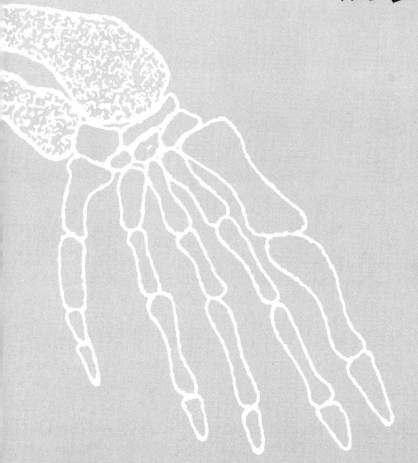

# 5亿年前骨骼的诞生

为什么大部分昆虫都比手掌还小呢？为什么没有像小狗一样大的昆虫呢？虽然这些问题听起来有些荒唐，但答案就是——因为骨骼。昆虫体内没有负责支撑的骨骼，所以身体不能太大。"骨架"这个词本意指生物体内的骨骼，也可以表示用作支持某物（如文学作品或有机体的一部分）的结构、基础或轮廓的支架。没有这种基本框架——骨架——的动物，其结构不能支撑并维持身体形态，所以体型很小。

而有骨架的动物就完全不同了。1.5亿年前雄霸地球的腕龙身高9米，体长25米，其肱骨就有2米。现在身高2米的人都很少见，可以想象恐龙的身体有多大。

恐龙的身体如此庞大，就是因为它们是有骨骼的动物。我们将体内有脊椎骨的动物统称为脊椎动物。世界上生存着人类、猫、青蛙、蜥蜴、兔子、金鱼、熊、猪等多种脊椎动物，可以说包括了我们经常看到的大部分动物。因此，有人会误以为地球是由脊椎动物支配的。但令人惊讶的是，其实脊椎动物的数量还不到地球上栖息动物总数的5%。其余95%都是体内没有骨架的昆虫、蜗牛、海蜇或贝壳等无脊椎动物。无论我们怎样吹嘘自己是脊椎动物，但在数字面前，不得不说输给了没有骨骼的无脊椎动物。据推断，目前的大部分无脊椎动物至少从 10 亿年前就出现在地球上了。然而，由于早期的无脊椎动物大部分都是软软的软体动物，所以几乎找不到留存到现在的化石，我们也无法准确推断无脊椎动物最早出现在地球的时间。

有骨架动物的历史就截然不同了。想要遇见最初的脊椎动物，需要追溯到大概 5 亿年前。5 亿年前的地球是什么样子的呢？现在看百年之前首尔的照片，都会生疏到怀疑是不是同一个城市，那么 5 亿年前地球的样子就更难想象了。然而，为了追溯地球的诞生和生命的起源，科学家们经过长期努力，尝试描绘了地球当时的样子。那时，地球表面大部分被海洋覆盖，里面有我们小指一半长的水生生物游荡。这种貌似小银鱼的鱼一部分死后沉入地表，被泥土掩埋。

大部分鱼类都这样被埋进泥土中，很快腐烂消失，但幸好有一只鱼在死后留下了痕迹。做金鱼饼的时候，需要把和好的面倒入金鱼形模具。而此处顺序反转，夹杂在泥土缝隙中的鱼像盖章一样留下了自己身体的痕迹。可以说，就像金鱼饼自己给自己做了个模具一样。5 亿年前的这条小鱼虽然肉体已经腐烂消失，其身体形态却留在了泥土里。这块泥土之后变硬，成为石头。

## 脊椎动物的祖先：没有下颚的鱼类

中国西南部的云南省四季如春，省会昆明被誉为"春城"。昆明市南部的矿山地区，有一个人在这里认真地走着。他好像在寻找什么，眼睛不看前方，只盯着地面和绝壁的侧面。这样走了几个月后，他终于发现了要找的东西———块鱼化石。这块会被普通人无意间错过的很小的鱼化石，竟是目前为止所知的最早的鱼类留下的，距今已有 5.2 亿年。探寻 5 亿年前地球的模样并寻找当时生物体留下的痕迹，是一件很困难的事情。因为虽然有很多历史悠久的地层，但其中藏着生物体化石痕迹的极为罕见。遗憾的是，关于这位发现如此珍贵考古资料的学者的身份，历史上却没有任何记录。

**最早的鱼骨化石** 目前为止发现的鱼骨化石中，最早的生活在 5.2 亿年前。这条鱼与现在地球上的大部分鱼类不同，它没有下颚

一直到 20 世纪上半叶，这种有名的古生物学遗迹主要还是发现于美国和加拿大地区。因为学者们对这一地区更关注，研究基金也比较充足。然而，20 世纪下半叶开始，随着中国的全面解放，在这片广袤的土地上，当时不为外部所知的各处古生物学遗迹开始一一被人们发现。其中，位于云南省昆明市南部的帽天山是具有丰富古生物学遗迹的宝库，被联合国教科文组织指定为"世界遗产保护区"。恐龙生活在距今 6600 万 ~2.5 亿年前，而帽天山遗迹中埋藏着大量比之更早数亿年的生物祖先。其中主要是海藻类或蚯蚓类等没有骨架的生物，它们软软的身体清晰地刻印在地表上。最终，这片广阔的遗迹内出土了最初的脊椎动物——貌似小银鱼的一种鱼类——的化石。在当时被无脊椎动物占领的地球上，终于出现了脊椎动物的身影。

这条生活在 5 亿年前的鱼类祖先与现在地球上的大部分鱼类不同，它没有下颚。如果你疑心鱼是否有下颚骨，不妨仔细观察一下晚餐桌上的鱼头。除了下颚骨，还会看到很密、很小的牙齿。当然，现在也有像七鳃鳗这种没有下颚、使用牙床模样的嘴吸食食物的"无颌鱼类"，这些物种是很久之前生存在地球上的无颚鱼类的后裔。下颚骨看似无关痛痒，但它的形成在物种进化中具有很重要的作用。

那么，下颚骨是如何形成的呢？"之前不存在的下颚骨究竟是因为什么形成的"，这个问题的答案太过久远，人们无法定论。鱼类通过下颚将水从两鳃向鳍的方向抽出去，以此进行呼吸。就这点来说，有下颚可以提高呼吸效率。可能正因如此，鉴于下颚骨是对生存很有利的形态，没有下颚的鱼类中有一只偶然生出了和下颚类似的东西，并迅速向后代遗传，导致有下颚的鱼类越来越多。不管到底是什么原因，事实是，几乎所有没有下颚的鱼类最终都进化出了下颚。有下颚的鱼类最初出现在地球上的时间约是 4.5 亿年前，在更早之前的地层中是一定不会发现有下颚的鱼化石的，5 亿年前生活在世界各地的鱼类都是无颚的。

随着时间的推移，有下颚的鱼逐渐开始主导海洋世界。具有在水中对呼吸有利的发达下颚的鱼类后裔此后登上陆地，进化为各种陆地动物。因此，人、狮子、狗、鹿、鸡、青蛙都有了下颚。当然，在进化过程中，各个物种下颚的功能发生了分化。登上陆地之后，下颚不再是呼吸所需的器官，而是开始在咀嚼、撕咬食物上起到重要作用。因此，即使下颚骨在最初是由于一个偶然形成的，它现在也已经成为动物进化过程中必不可少的一部分。

# 生活在极地的鱼类不会被冻死

　　小型鱼类进化出下颚骨之后，脊椎动物的进化史就反映在了骨骼上。下颚骨、头骨、臂骨、腿骨、脊椎骨、骨盆的每一次进化，都留下了痕迹。每次去韩国出差，美国的同事们都会说一些相同的话。首先是感叹韩国的炸鸡店太多，然后感叹炸鸡店里的炸鸡太好吃。下面回想一下我们如此熟悉的炸鸡中的骨头（众所周知，鸡和人是完全不同的物种）。

　　人类的双臂各由一块肱骨（肩膀与肘关节之间）和两块前臂骨（肘关节与手腕之间的桡骨与尺骨）、8 块腕骨、5 块掌骨、14 块指骨组成。从肩膀开始，越向下，骨头数量越多。那么，鸡身上相当于人类手臂的翅膀是怎样的结构呢？回想一下我们吃的鸡翅，有的部位有一根骨头，有的部位有两根骨头。与人类的肱骨相同，有一根骨头的部位是被我们称为"翅根"的鸡翅上部（肩膀方向）；与人类的前臂骨相同，有两根骨头的是下面的部分。鸡也和人一样，从肩膀开始，越向下骨头数量越多。这个规律听起来貌似无关紧要，但实际上适用于所有脊椎动物。腿也是一样的。人的臀部和膝盖之间有一块股骨，膝盖到脚腕之间有两块小腿骨，跗骨 7 块、跖骨 5 块、趾骨 14 块。与人类相同，其他动物从臀部到脚也遵循相同的规律：越向下，骨头的数量越多。

　　另外一个有趣的规律是，所有动物的手指或脚趾都有 5 根。嗯？可是之前明明说过马只有 1 根趾呀？而且鸡爪也明明不是 5 趾的呀？是的，马只有 1 根趾，鸡也只有 4 根趾。但有趣的是，地球上的所有脊椎动物体内，都含有一只脚上长 5 根趾的基因。当然，马在生命之初，也是由与人类相同的基因开始发育的。然而，马的第一根和第五根趾对应的基因没有任何功能。在母马腹中，胚胎刚开始发育成形时，第二根、第三根和第四根趾对应的基因都开始发育。因此，母马腹中的胚胎最初是有 3 根趾的。然而，随着胚胎逐渐变大，到出生的时候，由于某种原因，第二根和第四根趾对应的基因不再发育，细胞自行坏死消失。因此，马的 3 根趾在出生时只剩下 1 根。不只手指，身体的其他部分也大同小异。因此，受精卵刚刚形成的 2~3 周内，母体中的胚胎——不管是人还是猪、蜥蜴、鸟——都很相似，几乎无法区分，因为创造一个生命体的基因信息基本是相同的。生命体需要呼吸，心脏需要跳动，所以基本结构大同小异。

　　很久之前出现在地球上的脊椎动物基因向后代遗传，而我们人类就是依托这些基因形成的。人类与动物的不同只不过是发生作用的基因各不相同而已。人类第一至第五趾相应的基因都产生作用，所以完整发育了 5 根脚趾。与人类类似的有熊和狗等，它们的发育过程中，5 根趾的基因也都发生了作用。然而，马除了第三根趾之外，其他基因都没能发生作用。

　　对于很多"创世论"者而言，"人类从猴子进化而来"的理论是最难以接受的。甚至有人反问，如果人类确实是由猴子进化的，那么现在的我们难道不是还处于进化过程中的半猴半人的物种吗？很遗憾，这种想法是因为没能正确理解全部的进化理论，以及现代地质学、生物学和

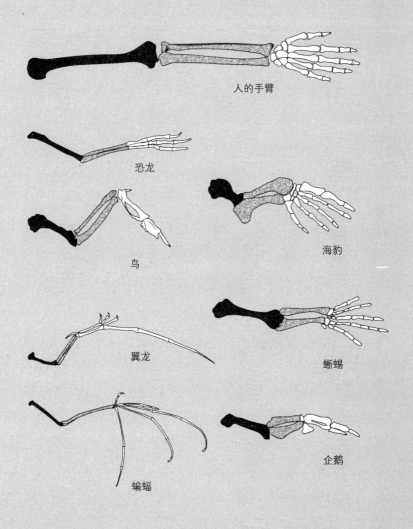

人的手臂

恐龙

海豹

鸟

翼龙

蜥蜴

蝙蝠

企鹅

**脊椎动物臂骨规律** 脊椎动物的臂骨与腿骨越向下，骨头数量越多。一根上臂（腿）骨，两根下臂（腿）骨，下面有数量较多的小型掌（跗）骨和指（趾）骨。所有脊椎动物的手指或脚趾都是 5 根，因为地球上的所有脊椎动物体内都含有 5 趾基因

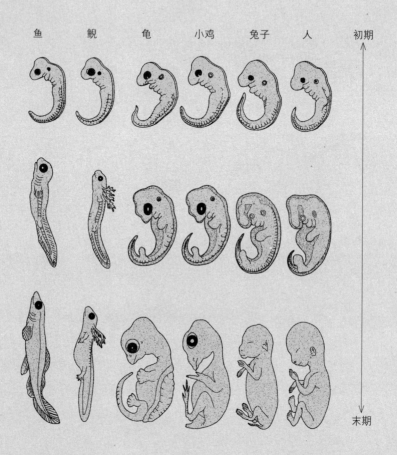

鱼　鲵　龟　小鸡　兔子　人　初期

末期

**发育 2~3 周的脊椎动物胚胎**　不同物种——无论是人还是猪、蜥蜴、鸟——2~3周的胚胎几乎一模一样。促使生命体形成的基本基因信息大同小异，但不同物种体内产生作用的基因不同，所以生长方式也不相同

遗传学。下面就来纠正几个被人们误解的事实。

首先，人类并不是从猴子进化而来的。达尔文没有说过这种话，也没有任何一位进化生物学家主张这种说法。只不过相对于地球上存在的其他生物，人类与猴子最为相似，所以我们说人类与猴子是"从相同基因进化而来的"。就像我和妹妹都是父母的子女，所以我们两个人会有很多相似之处。如果我和妹妹，以及一名白人站在一起，问哪两个人更像是同一对夫妇的子女，答案当然会是我和妹妹。然而，这种相似并不是因为我妹妹是由我进化而来的，而是因为我们都源自同一对父母。

进化生物学家推断生物之间关系的方法也与此相同。5000万年前小猴子的化石和蜥蜴的化石，哪个会更像人类？答案当然是猴子。简言之，人类与猴在进化理论上具有较为亲密的关系。通过这种方式将地球上生活的或曾经生活的所有生物归类，就是生物学的基础——分类学。

学者们的研究目的是，找到可以简单解释已知自然现象的科学方法。此处，重点在于"简单"。假如你外出之后回到家，发现门锁被撬开，卧室柜子里的东西都被翻了出来，家里的存折和现金也不见了。这种情况下，"简单"的解释是，有人撬开房门入室偷窃，翻找卧室柜子，并将存折和现金偷走。当然，事实有可能并非如此。

第二种剧情是：小偷撬开房门进入房间之后，突然改变心意，没有偷东西就走了。在这之后，另一个小偷刚巧路过，看见房门开着就进了房间，翻找了卧室柜子，却什么都没有偷到就离开了。而主人前几天将存折和现金从柜子移到了抽屉里，自己却忘记了，于是报警说丢失了存折和现金。如果在法庭上，盗贼声称自己冤枉，向法官讲述了第二种剧情，那么他的陈述有多高的可信度呢？当然，自称冤枉的盗贼的辩解也有可能是事实。然而，这种说法如果想获得法庭的认可，还需提供多项其他证据。（当然，非法进入私宅在法律上还是有罪的！）

进化生物学理论也是如此。人类和猴具备的生物学上的多种相似点，也都有可能经历了不同的进化过程。然而，与这种"简单的"解释相比，其他说法需要提供更多证据才能够令人信服。当然，就像前面例子中的第二种剧情一样，简单的解释也有不准确的时候，进化生物学家很久之前就意识到了这个情况。

## 相距遥远却命运相同：趋同进化

蝙蝠、鸟、鼠、鳄鱼，这 4 种动物之间有什么关系呢？蝙蝠和鸟都有翅膀能飞，所以它们的关系更亲近？还是蝙蝠和鼠都是哺乳类动物，所以关系更亲近呢？这两个共同点中，哪个因素对关系是否亲密具有更重要的意义呢？

蝙蝠、鸟、鼠、鳄鱼的共同点是臂骨结构：一根肱骨、两根下臂骨，下面是多块小的掌骨和指骨。通过这个身体特征，我们可以推断蝙蝠、鸟、鼠、鳄鱼都是脊椎动物的后代。然而，从蝙蝠的别称"飞鼠"上也可以看出，相比于鸟，它与鼠的关系更为亲密，而鸟与鳄鱼更近。

在众多种类的鼠中，蝙蝠选择了向天空进化。虽然蝙蝠和鸟都能飞，这项生存技能很相似，但蝙蝠和鼠在其他方面的相似之处更多。同样，鸟和鳄鱼除了是否能飞的差异外，在其他很多方面都很相似。蝙蝠和鸟虽然都能飞，但它们翅膀的结构完全不同。蝙蝠的翅膀是指间连着翼膜，而鸟的翅膀则从肩膀到前臂的部位均有羽毛覆盖。虽然蝙蝠和鸟的物种关系并不很亲密，但由于生活在相似的环境下，所以对环境的适应方式差不多，具备的身体特征也较为相似。我们把这种现象叫作"趋同进化"。

打个比方应该能够帮助大家更好地理解。我们在世界很多地方都能看到类似蒸饺的食物。与蒸饺、小笼包、水饺相似的有东欧的饺形馅饼、意大利的小方饺、墨西哥的卷饼，它们的形式都是在薄薄的皮里面放着肉、菜或奶酪，包卷起来后蒸、煮或炸熟。中国、日本、韩国地缘相近，饮食文化互有影响，饺子形状都很像。然而位于远方的波兰并没有受到东方文化的影响，东方的饺子也不源于饺形馅饼。世界各地的人们对于食物的想象以及食材本身都大同小异，所以不管什么地方都能够产生相似的食物。动物的身体器官也是同理。即使是互不影响的不同物种，只要生活在相似的环境下，身体器官也会趋同。

南极和北极位于地球的两端，我们很难说现在生活在两地的动物由同一种祖先进化而来，之后分别移居两极。然而，生活在南北两极的鱼类却有着惊人的相似之处。生活在 0 摄氏度以下的冷水鱼是如何做到不被冻死的呢？神奇的是，这种生存在寒冷地区的鱼类血管内，有一种发挥着"防冻液"功能的物质——糖蛋白。20 世纪 60 年代，人们首次发现这种物质。随着遗传学的发展，我们目前已经得知这种物质是由哪种基因产生的。这就是鱼类独有的不被冻死、适应环境的生存方法。

生活在地球两极的鱼类都使用这种方法防止身体被冻僵。两地的鱼在外形上没有任何共同点，而且彼此相距甚远，不可能由同一个祖先进化而来。研究结果表明，虽然生活在极地的鱼类体内都有"防冻液"，但产生这种蛋白质的基因完全不同。虽然它们之间没有任何关系，但为了适应相似的生存环境，而具有了看似由同一祖先进化而来的身体机能，这也是趋同进化的一个很好的例子。

# 世界上最出名的恐龙骨骼

人们最早通过恐龙 Sue 发现了鸟的锁骨——叉骨。Sue 是小朋友们最喜欢的著名霸王龙化石，它拥有目前为止发现的最大的叉骨。美国芝加哥菲尔德自然历史博物馆最中间陈列着一具巨大的恐龙化石，它就是 Sue，每年吸引着数万游客的到来。这具恐龙化石之所以著名，是因为它的骨头比之前发现的恐龙化石更多。Sue 全身 90% 的骨骼被完好保存，它体型巨大，身长超过 12 米，臀部距地表的高度达到 4 米。据推测，幼年霸王龙在成长期以每天 2.1 千克的速度增重，成年霸王龙的体重可达到大约 5 吨。我们惊讶于地球上曾生存过如此庞大的物种，更惊讶于这种庞然大物居然能够通过骨骼的形式留存至今。

1990 年夏天，专门从事化石挖掘及复原的公司职员们在美国中北部南达科他州的一个农场周围认真地走着。他们排成队，时刻盯着地面。因为之前曾在此发现过恐龙化石，所以他们认真寻找附近是否还有化石可以挖掘。恐龙化石并不稀少，所以即使找到也不会因此扬名于世。但依然会有人以此为生，他们找到化石并复原后，卖给博物馆。

暮色将至，刚巧那天卡车轮胎爆胎，在人们换轮胎准备下班的时候，名为苏·亨德里克森（Sue Hendrickson，1949—　）的女职员利用这段时间出去接着找恐龙化石。她沿着刚刚没有走完的绝壁下方步行，突然发现了一块骨头。为了确认周围是否还有其他骨头，苏开始在周边认真寻找。之后，她看见在绝壁上方有巨大的骨头凸出来。苏稍微平复了一下激动的心情，立即跑向卡车停靠的地方。听到这个消息后，几个职员与她一起奔向发现骨头的位置。几个人一起在周围仔细检查，逐渐发现了更多骨头。正准备下班的人们听到这个振奋人心的消息，都重新拿起设备开始发掘。之后的几天时间里，他们挖掘出了一具近乎完整的恐龙化石。为了之后的复原工作，他们小心翼翼地把化石搬回办公室。

发现这块恐龙化石之前，人们甚至还没有发现过留存状态达到一半的恐龙化石。恐龙本身体积庞大，再加上数千万年的时间沉淀，很难留下完整的化石。这具发现于南达科他州的恐龙化石就以最先发现它的人的名字命名——Sue。发现完整恐龙化石的消息瞬间传播开来，公司职员再也无法抑制想把化石卖给博物馆从而大赚一笔的想法。

然而，听到这个消息之后，首先发声的是恐龙化石所在农场的主人。他声称，化石是在自己的土地上发现的，理所应当归他所有。而公司方面表示，挖掘前已经向农场主支付了 5000 美元，所以他们具有恐龙化石的所有权。然而，农场主反对称，之前收取的费用只允许公司员工在自己的土地范围内往来，并在发现化石的情况下允许其复原，但并非将化石所有权卖给公司。

# 全球首场恐龙化石拍卖

那么，数千万年前埋藏于地底的恐龙化石，到底应归谁所有呢？这场所有权之争最终升级到了法庭。农场主是美国原住民，所以严格来讲，土地属于美国原住民部落，事情变得复杂了。另外，这块地当时由美国内政部代替原住民部落进行管理。在双方展开法律层面攻防战的时候，公司也不愿交出恐龙化石。最终，美国联邦调查局和军方都出动了力量，才将恐龙化石移至南达科他州的一所大学内。官司打了多年，法庭最终将所有权判予农场主。农场主在化石被发现的5年后，于1995年夺回了恐龙化石。不久之后就有传闻称，农场主要将化石卖给博物馆，大家都关心成交价格以及最终花落谁家。和预想的相同，农场主决定以拍卖的方式出售恐龙化石。

就这样，1997年10月，霸王龙化石的拍卖在纽约曼哈顿苏富比拍卖行举行。这是全球首场恐龙化石拍卖。科学家们战战兢兢，怕化石被某个有钱人买走当作个人收藏品，不能展开任何研究。拍卖开始后，游客数量仅次于法国卢浮宫博物馆的美国史密森自然历史博物馆团队声称，会出135万美元的价格竞买Sue。北卡罗来纳博物馆则表示，无论如何也要拿下Sue，使自己跻身世界领先行列。芝加哥菲尔德自然历史博物馆则悄无声息，他们自称没有足够的资金，可能无法参加竞拍。整个拍卖大约有20个人（团队）参加，从45万美元开始竞价。

史密森自然历史博物馆原本预想，不会有人以超过135万美元的价格买恐龙化石的，结果，竞拍开始后短短1分钟之内，这个想法就被打破了。不到8分钟，竞拍已经结束，最后1分钟是以"10万美元"为单位的激烈竞争。北卡罗来纳博物馆出到645万美元，佛罗里达一富豪创建的非盈利文化基金 Kislak 马上出价 655 万美元。一位名叫理查德·格雷的高价艺术品竞拍专家不知代表谁，出价到 663 万美元。之后现场安静了几秒。Kislak 财团叫价 672 万美元。又是几秒钟的安静，最后理查德叫价 681 万美元。这只以现有保存状态最完整而著称的恐龙化石，最终以 681 万美元的价格被卖掉。加上需要支付给苏富比公司的手续费，最终的拍卖价格为 744 万美元。

最终，拍卖结果正式宣布：

"恐龙 Sue 将于下一个生日被送往位于密歇根湖岸边的知名自然历史博物馆。"

到底是谁出如此重金买下这具恐龙化石呢？理查德·格雷的秘密客户正是声称"没有资金"的芝加哥菲尔德自然历史博物馆。菲尔德自然历史博物馆虽然规模很大，但并没有支付如此大金额的财力。然而，博物馆很需要这具恐龙化石作为其形象代言，得知 Sue 将出现在此次拍卖中后，他们便开始暗中操作。博物馆方面成功从加利福尼亚州立大学、迪士尼度假村、麦当劳以及众多富商处获得资金支持，他们完全秘密进行，并邀请了相关专家加入。

至此，Sue 成为菲尔德自然历史博物馆的象征。史密森自然历史博物馆过于相信自己的名声，没有做其他准备就参与了竞拍，他们在这一天尝到了败北的滋味。后来，史密森自然历史博物馆终于入手了一具帅气的恐龙化石。这具恐龙化石虽然保存状态完好，但比 Sue 小很多。相关报道中也提到了 Sue，虽然已经过去 20 年，史密森自然历史博物馆对当年错失 Sue 仍然耿耿于怀。

**收藏于芝加哥菲尔德自然历史博物馆的 Sue**　恐龙 Sue 属于霸王龙，被发现时，其全身 90% 的骨骼被完好保存。它的体型巨大，身长超过 12 米，臀部距地表的高度达到 4 米。Sue 是第一只被送入拍卖场竞拍的恐龙，最终以 744 万美元的价格被芝加哥菲尔德自然历史博物馆买入，成为后者的象征（出处：ⓒⓘⓞ Connie Ma）

　　吸引公众目光的恐龙化石竞拍之后成了大家议论的话题。花重金购买数亿年前地球生物的化石，这在伦理上是正确的选择吗？如果恐龙化石真的可以卖到如此高价，那么会不会产生交易恐龙化石或其他重要化石的黑市呢？

　　恐龙化石虽然常见于美国，但蒙古和中国西部地区也有分布。我曾去过位于中国西南部云南省的禄丰恐龙博物馆，虽然它当时是新开放的，但因为我已经在美国的很多博物馆里看过恐龙化石，所以入馆之前并没抱有很大期待。

　　然而，我之前只知道中国人口多，却不知道恐龙化石也这么多。数十只恐龙化石整整齐齐地排成队，好像马上就要向我跑来，令人惊叹不已。如果将在中国和蒙古发现的成堆的恐龙化石秘密运到美国，应该可以卖很大一笔钱吧？其实，还真有人把这种想法变为了行动。

## 落空的恐龙化石走私行动

2012年10月17日，埃里克·普罗科菲与往常一样，一边喝咖啡一边度过忙碌的早晨。妻子在忙着准备送孩子上学，埃里克想起几天前的事情，嘴角不禁上扬。因为他将在蒙古发现的恐龙化石运到了自己的院子，经过复原后卖出，赚了90万美元。埃里克自从几年前参加了一场有关化石和矿物的博览会之后，就开始对恐龙化石买卖产生兴趣。

博览会并未限制交易从中国和蒙古出土的化石，不懂的人理所当然地会认为这种交易是合法的。埃里克从小就对动物化石很感兴趣，他想，如果将恐龙化石收集起来倒卖，不仅有趣，还能赚钱。于是，埃里克雇用了蒙古当地人做向导，正式开始收集恐龙化石。直到那个时候，他还不知道这种行为是违法的。

埃里克计划，将在蒙古收集的数千千克恐龙化石经由英国运往美国。在运送化石的货船上，埃里克得知这是违法的。然而，他一路历经艰辛走到这一步，显然不可能轻易放弃。埃里克在报关单上填的货物内容是"爬虫类"，于是恐龙化石顺利通关，被运往他位于美国佛罗里达州的家。埃里克之前还在担心被发现，但看着历经漫长旅途出现在自家院子里的恐龙化石，他内心的忐忑像阳光下的积雪一样融化了。

埃里克每天都在后院认真复原恐龙化石，之后，他联系了纽约的一家拍卖公司，确定了拍卖日期。尝到了甜头的埃里克在考虑下一笔买卖怎么做，也就是在那天早上，警察光顾了他家。埃里克被以走私贩卖恐龙化石罪当场逮捕，并被判17年有期徒刑。他抗辩称，虽然自己知法犯法是有罪的，但博物馆的展品也并非都通过正规渠道购入，埃里克认为对自己量刑过重。他的说法也并非没有道理，英国大英博物馆中陈列的众多埃及木乃伊、希腊神殿碎片都是通过英国人的非法走私收藏的。然而，当时处于殖民时期，这种行为不受法律限制，可现在已经不可以再通过这种方式进行珍宝收集和交易了。

最初听到这则关于恐龙化石的报道时，我不仅惊讶于那么庞大的恐龙化石竟然能够以"爬虫类"的名义通过海关，更惊讶于埃里克自认为能够无声无息地在拍卖场上卖出恐龙化石而不引起警方的注意。蒙古政府得知，一位美国人秘密在蒙古境内收集恐龙化石，并在美国的拍卖场中卖出了90万美元的价格之后，对美国政府表示强烈抗议。埃里克不仅失去了已到手的恐龙化石，而且极有可能被判数十年徒刑，他以向警方提供化石交易黑市相关信息为条件，申请了减刑，最终被判处3个月有期徒刑并提供3个月社会服务。

虽然得到减刑，但缴纳罚金是不可避免的。埃里克也因此卖掉了房子，与妻子离了婚。那么，从蒙古途经英国，最终到达美国的那些恐龙化石，归宿如何呢？在蒙古政府的要求下，美国政府将这些恐龙化石送回了蒙古。就在筹划如何运送体积庞大的恐龙化石时，一家公司提出可以提供免费服务，这家公司就是大韩航空。最终，7000万年前生活在戈壁沙漠的蒙古"百万美元宝贝"（million dollar baby）霸王龙乘坐专机回到了故乡。

# 是否存在长有羽毛的恐龙呢？

"恐龙是鸟类的祖先"，这一说法已经得到无数科学证明，成为定论。然而遗憾的是，反对进化论的"韩国创世论研究会"官网主页中，详细说明了这种说法不符实的原因。除了 6700 万年前的 Sue 之外，在中国、印度、俄罗斯、埃及、南非、坦桑尼亚、巴西、英国、葡萄牙、德国、西班牙、澳大利亚等地，都发现了恐龙化石。而不论发现地是哪里，化石挖掘处都是中生代（6600 万 ~2.5 亿年前）地层。

韩国目前发现的恐龙化石还不多，但在庆尚道地区，曾发现超过 6000 头恐龙的足迹。为什么在韩国，恐龙足迹集中分布在庆尚道地区呢？这是因为庆尚道地区的中生代堆积层保留得较为完好。如果能够在非中生代的地表层发现恐龙化石，那么最兴奋的应该就是完成发现的学者们了，因为他们将有机会续写恐龙在人类认知中的新篇章。

提到恐龙，人们脑海里通常浮现的是电影《侏罗纪公园》中出现的庞然大物。然而，事实上，我们观察发现的化石记录可以知道，与比人类大得多的恐龙同时生存的，还有小似鸟类的小型恐龙。像以 744 万美元拍卖的 Sue 这类大型恐龙的化石，骨头的体积很大，不管在哪里，即使是普通人也能够认出这是一块比较奇特的石头。骨头本身很大，能够经得起数千万年自然的磨损。而小似鸟类的恐龙化石由于骨头本身能够留存至今的比较少，所以人们发现的化石形态更多的是像印章一样印在石头上的痕迹。

如果恐龙全身都在石头上留下印记，我们就能观察到很细微的身体结构。众多恐龙研究学家通过这种保留下来的痕迹得知，恐龙是逐渐进化成有翅膀的形态的。现在生活在地球上长有翅膀的生物只有鸟类，那么，鸟类和恐龙有血缘关系吗？有趣的是，人类发现的最早的鸟类化石，是在恐龙化石存在的中生代地层之后的地层中发现的。以此为依据，科学家们建立了假设：鸟类是由恐龙进化而来的。如果这个假设成立，那么又将引出一个新的假设：比最早发现的鸟类化石生存时代更久远的恐龙中，应该会有长着羽毛的恐龙。科学的魅力就在于，人们可以"大胆假设，小心求证"。

那么，长有羽毛的恐龙是否存在呢？最早发现长有羽毛的恐龙是在20世纪90年代中期。在西班牙、中国、蒙古和俄罗斯等地，人们开始在中生代地层中发现清晰印有羽毛印记的化石。科学家们的假设成立，此后人们不断发现长有羽毛的恐龙的化石。随着科研技术的发展，在2010年，科学家们甚至推断出了羽毛的颜色和纹路。

世界顶尖科学杂志《自然》和《科学》中的诸多论文称，科学家们利用显微镜，分析留在化石上的极为少量的色素密度和形状。通过鸟类羽毛颜色的色素排列密度和形态，科学家可以推断出恐龙身体上的羽毛颜色。那么，科学家们复原的恐龙是什么样子的呢？在中国辽宁省，1.6亿年前的地层中发现了与鸡大小相同的小型恐龙化石，它全身黑色，翅膀带有黑白相间的条纹。在人们印象中，恐龙都如霸王龙一样庞大，而科学家们复原的这只火鸡大小的黑色小型恐龙与之形成了巨大的反差。

随着在全球各地先后发现长有翅膀的恐龙，我们可以确定，这种恐龙确实曾经在地球上生存。然而，这些恐龙的羽毛是如何进化而来的呢？因为羽毛长在鸟类身上，所以我们理所当然地认为，羽毛的作用是帮助飞行。但恐龙不管有没有羽毛，都是不会飞的。出现在电影中边叫边飞的巨大始祖鸟不是恐龙，而是鸟类。除了始祖鸟，如果你还觉得分明看见过形似恐龙而在空中飞的生物，那一定属于爬行类。我们熟知的代表性物种是翼龙。发现有翅膀的爬行类之后，科学家们开始认为，会飞的爬行类动物是鸟类的祖先。然而，在空中飞的爬行类动物骨骼与如今的鸟类骨骼差异甚大。当然，进化自同一祖先的物种也会有很多不同之处，但除了能飞这一点外，二者的不同之处实在太多。就像我们之前讲过的鸟类和蝙蝠的情况一样。

问题在于，人们过于关注鸟类最具代表性特征——飞行，并以此为着眼点寻找鸟类的祖先。长有翅膀的恐龙因骨骼结构而不能飞行，但骨架形态与现在能飞的鸟类极为相似。随着更多长有羽毛的恐龙化石被发现，它们就是鸟类祖先的线索也更为明显。最早的羽毛在这种不能飞的恐龙身上被发现，说明羽毛最初的进化并不是为了飞行。那么，羽毛最初的功能是什么呢？答案有可能是像孔雀一样，长有一身华丽的羽毛是为了吸引雌性的注意，也有可能是为了通过挥动羽毛来实现同个物种内的交流。

然而，这一切只是猜测，真正的答案不得而知。在古生物学中，最难解答的问题就是"为什么"。我们通过化石和骨骼，可以了解很久以前在地球上生存又灭绝的物种，但很难分析"为什么"恐龙长成这种形状、"为什么"之前没有羽毛而后来又进化出来、"为什么"恐龙最终灭绝。我们可以做各种不同的推测，但很难准确得知事物发生的原因，因为这可能超出了人类的能力范围。

# 9000年前的硬汉：肯纳威克人

1996 年夏天，很多参加水上飞机比赛的美国人都聚集到位于美国西海岸华盛顿州肯纳威克的哥伦比亚河边。在河边做赛前准备的威尔和大卫路过一处水流稍缓的河滩，他们的视线被一个很奇特的东西所吸引。走近一看，是一块人头骨，二人吓得不轻。他们小心地将头骨从水里捞出，送到了附近的警察局。

收到人头骨之后，警察最先想确定这是否为一起凶杀案。为了掌握线索，警察部门调动了刑警、法医、潜水员在事发现场的水域中进行了仔细的搜查，结果又发现将近 350 块人骨。这些骨头被运送到尸检室，经历了仔细的复原过程。最终，除胸骨和一部分指骨、趾骨外，其他骨骼全部得到复原。由于尸检人员经常分析的是腐烂程度较弱的尸体，现在面对的只有骨骼，他们无从下手。因此，尸检人员给骨骼研究专业咨询公司的考古学家詹姆斯·查特斯（1949—　　）打了电话。"河边发现了人类骨骼"这个消息着实让他兴奋，查特斯很爽快地接受了骨骼的分析工作。那时谁都没有想到，这具骨骼在之后的 8 年里会成为一场激烈的法庭争论的主人公——"肯纳威克人"。

分析肯纳威克人时，查特斯在其盆骨位置发现了一小块模糊的碎片。这片碎块深陷入骨，很难用肉眼辨认。从周边盆骨凹凸不平的形状推测，像是什么东西扎进了骨骼，之后伤口愈合而产生这样的形态。查特斯给肯纳威克人的盆骨拍摄了 CT，结果惊奇地发现，盆骨中的碎块是用石头做的箭头。竟然不是子弹而是箭头，这要如何解释呢？虽然偶尔体验野外生存的人也会做一些弓箭或箭头，但从扎进骨头中的箭头材质和形状上看，这不像是现代人做的东西。

这种箭头是美洲大陆原住民使用的器具，其使用时间比哥伦布到达美洲要早很久。美洲原住民在数千年前，曾用黑曜石等锋利的石头制作多种箭头。黑曜石是火山喷发形成的一种黑亮的石头，坚硬且锋利，过去的医生曾将其用于手术。既然已经确认它是之前人类使用的箭头，那么到底是多久之前呢？这并不是一个大问题。韩国学界以栉纹、无纹等陶器纹路为标准，划分新石器时代和青铜器时代。同样，根据石器的形状也能够划分年代。

美国华盛顿州共有 29 个原住民部落，所以箭头使用的编年记录较为完善。根据记载，肯纳威克人盆骨内扎进的箭头约是 4500~8500 年之前生活在此的人类使用的器具。之前在华盛顿州从未发现过如此久远的人类的完整遗骨，这一消息立刻引起了轰动。

## 揭开地球秘密的放射性碳定年法

仅分析箭头，只能知道肯纳威克人数千年前生活于此。为了更准确地判断年代，科学家们将 5 块骨头样本送往加州大学河滨分校放射性碳定年实验室。威拉德·利比（1908—1980）博士提出的放射性碳定年法运用简单的原理，能够较为准确地推断骨骼所处的年代。我们呼吸的空气中，碳元素主要是碳 12，此外还混有少量的碳 14。神奇的是，死亡之后，人体内的碳 12 仍然保留，而碳 14 在体内的含量会逐渐减少。

生命体中碳 14 的含量会在死后 5730 年减少到一半，放射性碳定年法就运用这一原理推断生命体生存的年代。由于碳 14 的含量会逐渐减少，是一种不稳定的元素，所以它不是"稳定"的同位素，而是具有"放射性"的元素。与此不同，"稳定"的同位素——碳 12 无论时间怎样流逝，含量始终保持一致。以活着的生命体中碳 12 和碳 14 的比例为依据，只要测定骨骼中碳 12 和碳 14 的含量，就能推断骨骼的年代。比如，如果一块骨头中碳 14 的含量是 1/4，即一半的一半，则说明度过了两个半衰期，用 5730 乘以 2，可知这块骨头距今 11 460 年。

利比博士在 20 世纪 40 年代提出了放射性碳定年法，并获得诺贝尔化学奖，这在当时的科学界引起了反响。人们认为，随着这种具有划时代意义的研究方法诞生，测定年代应该没有什么问题。然而，随着放射性碳定年法的广泛使用，问题开始涌现。通过放射性碳定年法对盖房子时使用的木头进行测定，结果与实际数年轮得出的年代不同，这种情况经常发生。化学家们为了解决这个问题做了大量研究，最后发现，大气中的碳元素比例随着时间的变化也在不停变化，所以以现在的碳元素比例为标准，对数千年前的样本分析得出的结果会产生误差。

所幸的是，据观察，大气中碳元素比例的变化以 100 年为单位，由此产生的变化是很细微的。产生这种差异的原因有可能是太阳黑子大小以及地球磁场的变化引起大气层的变化，但目前还无法准确得知。化学家们致力于研究这种变化的趋势，增加年轮测定法以及其他多种方法，完善了放射性碳定年法。目前，这是测定 3 万年内化石年代最准确的方法。碳 14 每 5730 年含量就会减少一半，3 万年之后，含量就会减少到一半的一半的一半的一半的一半。这时含量极少，很难再根据这个方法判断更久远的化石年代。当然，随着科学技术的发展，目前可以测定 6 万年之内的年代，但准确性也有所降低。

维苏威火山的爆发使古罗马庞贝古城被掩埋在火山灰之下，人们后来在遗址中发现了面包的碎片。对碎片进行放射性碳定年分析后，推断其所处年代大约是公元 72 年前后。据记载，庞贝古城是在公元 79 年湮没的，测定方法的准确性让人们大吃一惊。当然，偶尔也有结论比较荒唐。20 世纪 60 年代，人们在美国的一处考古学遗迹的火炉中发现了木炭，通过放射性碳定年法测定的结果是距今约 4 万年。但是，人们从来没有发现过那时就有人类居住在北美大陆的证据。因此，关于这个测定结论，科学界产生了很多争议。

有些人认为，很久之前就有人类生存在美国，他们认为自己的主张得到了证实，对测定结果很是支持。而另一些人则认为，此前从没有发现过相关证据，现在只在这一处遗迹中发现，那么极有可能是其中出现了某种未知的错误。随着深入的研究分析，科学家们发现，火炉中发现的木炭并不是木头，而是当地产的褐炭。褐炭本就是远古时代的产物，所以并不是年代测定的错误，只不过测定的年代是褐炭的年代，而不是当时把褐炭放入火炉中取暖的人类生存的年代。

## 肯纳威克人的外貌无法确定

通过对肯纳威克人骨骼进行放射性碳定年分析，专家推断他生存在约 9500 年前。由于哥伦布到达美洲大陆的时间是 1492 年，所以从逻辑上可以推断，肯纳威克人是美洲原住民的祖先。在美国，关乎原住民的话题往往都比较敏感。首先，白种人登上美洲大陆之后，大肆屠杀原住民，并将土地据为己有，是有"原罪"的。因此，美国政府设立了原住民保护区，并提供赌场垄断权等财政支持。（截至 2013 年，美国联邦政府承认的原住民部落共 566 个，只要能证明本人具有原住民血统，就可以登记为部落成员。）不仅如此，1990 年，《原住民墓葬保护与归还法案》在国会得到通过，由此，接受联邦政府财政支持的机关在挖掘和调查中，如果发现美洲原住民的遗骨、遗物等，应依法交还给原住民部落。

美国原住民的体貌特征与亚洲人很相似。其实，从 DNA 的分析结果也能看出，东北亚人类与生活在北美大陆的原住民密切相关。我的线粒体 DNA 除韩国人群之外，在北美和南美原住民体中发现最多。因此，很久之前，科学家们就推测美洲原住民是从东北亚移居至美洲的人类后裔。虽然现在美洲大陆和亚洲大陆隔着白令海峡，阿拉斯加和俄罗斯隔海相望，但 15 000~30 000 年前的海平面比现在低，当时这两块大陆是连在一起的。（俄罗斯与阿拉斯加之间的白令海峡最狭窄的地方还不到 80 千米，两块大陆至今依然很近。）

当时，多种动植物都在从亚洲向美洲迁移。距今 15 000 年左右，也开始出现人类向美洲迁移的痕迹。以阿拉斯加和加拿大附近的遗迹为中心，很多当时人类使用的箭头和考古学遗迹都已出土，证实了美洲原住民是从东北亚移居而来的推测。然而也有人一直主张，美洲原住民是沿着北美东部海岸线而下的欧洲人的后裔。但是，能够证明这种说法的 DNA 或考古学证据尚不充分。科学就是如此，总会有人提出不同学说。

那么，9500 年前的肯纳威克人既然是美国原住民的祖先，就要根据原住民相关法律进行处理。然而，问题在于这个人的外貌。美洲原住民的外貌与亚洲人相似，但这个人复原后的外貌并不像亚洲人。我们区分黄种人、黑种人、白种人的依据不只是肤色，通过脸部的突出特征也能够轻松判断人种。一般来说，黑种人的鼻子较宽，而白种人鼻梁较挺；黑种人脸盘宽，白种人脸型细长。这种体现在面部的人种或部落差异自然也清晰地反映在头骨上。

颧骨向外突出是亚洲人脸部的一个重要特征，这个特征在亚洲人的后裔——美洲原住民的脸上尤为突出。然而，肯纳威克人的颧骨却比亚洲人的颧骨低，其整个头部的形状也与头偏圆的亚洲人不同，而与白种人相似——前额和后脑勺突出。再加上鼻子最上方左右各有一块小的鼻骨，所以其鼻梁也高挺。然而，对牙齿的分析结果却显示，其与亚洲人很相似。肯纳威克人具备多个人种的特征，这在现代社会很难对应，他的身份变得越来越模糊。

有感于种种谜团，人类学家决定对肯纳威克人进行更为细致的研究分析。然而，他们的科研活动受到了限制。发现地附近的 5 个美国原住民部落声称，肯纳威克人是自己的祖先，所以根据《原住民墓葬保护与归还法案》，他们应将祖先安葬。人类学家对此进行了激烈反驳，科学家们认为，生存年代久远的肯纳威克人究竟是谁的祖先，目前还没有明确的定论，尤其是从头骨突出的特征看，与美国原住民具有明显不同，所以很难断定他就是美国原住民的祖先。如果无法证明其与某个原住民部落的相关性，就不适用《原住民墓葬保护与归还法案》，所以科学家们应当对这份珍贵的资料继续进行研究。

**复原的肯纳威克人外貌及头骨**　生活在 9500 年前的肯纳威克人具有很多特征，导致很难判定其人种所属
（出处：肯纳威克人胸像由 StudioEIS 和 Jiwoong Cheh 制作，基于 Amanda Danning 对肯纳威克人头骨的法医学复原，图片由 Chip Clark 拍摄，史密森学会）

　　然而，美国原住民部落仍主张，他们的口述历史可以追溯到 1 万年前，所以这位生活在 9500 年之前的肯纳威克人一定是他们的祖先。这件事情如果得不到妥善处理，这份珍贵的科学资料很有可能来不及研究就要面临再次被埋入地下的危险。"肯纳威克人"陷入了这场争论中，其发现处的美国陆军工兵暂时将遗骨移至无人能接触的安全地带。从

那时起一直到现在，肯纳威克人一直被保管在华盛顿大学伯克博物馆收藏室内。

之后，包括美国原住民文化研究先驱罗伯森·博尼克森（1940—2004）在内的 8 位人类学家对美国政府提起诉讼。诉讼原因是，在还不能证明肯纳威克人与哪个原住民部落有关联的情况下，深入研究将对揭示美洲原住民的起源具有重要作用，因此，对遗骨不进行研究分析就将其再次埋葬是不正确的决定。法庭对抗持续了 8 年之久，终于，2004 年，法庭判决支持了科学家们的主张。不知是不是因为这场诉讼艰难而漫长，判决下达后不久，博尼克森就离开了人世，享年64 岁。

得益于法庭的判决结果，科学家们能够对肯纳威克人继续进行研究分析。肯纳威克人的死亡年龄是 40~55 岁，身高 175 厘米。通过对其手臂和肩膀的分析得知，他在生活中经常使用手臂，导致相关部位具有关节炎的痕迹。这种关节炎病症在如今棒球投手运动员身上经常可以看到，现代人的关节炎如果发展到这个程度是必须要做手术的。从肯纳威克人的身体状况看，他是一个十足的"硬汉"。不，也有可能当时那个年代的人们生活得都很艰辛。

## 肯纳威克人的饮食结构

为了了解肯纳威克人以什么为食，科学家们对其部分骨骼进行了稳定同位素分析。我们前面提到过，稳定同位素与放射性同位素不同，不会随着时间的流逝而被破坏，性质稳定。我们吃的食物中的同位素进入骨骼后，会完好地留存，无论肉类还是金枪鱼。由于体内的骨骼是有生命的组织，所以 10 年为一个周期，全新的骨骼细胞就会形成，进而形成全新的骨骼成分。因此，通过分析骨骼内的同位素，就能判断一个人死前 10 年左右主要摄取的食物种类。

现代社会，人们可以在不到一天的时间里到达地球的另一半，所以很难通过摄取的食物信息判断生前情况。但远古时期，长距离移动几乎不可能实现，人类的饮食结构能够准确反映当时的生活状况。肯纳威克人虽然发现于华盛顿州的内陆地区，但有趣的是，他的骨骼中留下的同位素表明，其主食是海豹、三文鱼等海洋生物。从海边到内陆的距离并不短，所以最合理的解释是，肯纳威克人当时生活在海边。因为他体内骨骼中海洋生物的同位素含量如此之多，不是短短几年每天都吃三文鱼就能积累的。

那么，肯纳威克人到底是谁呢？是不是 9500 年之前生活在华盛顿州海边的具有亚洲血统的男子呢？他为什么穿越了数百千米移居内陆呢？他是为什么、被谁的箭头击中的？虽然目前还不知道能否找到所有问题的答案，但为了寻找线索，需要收集更多生活在肯纳威克人年代的人类遗骨或遗物。美洲原住民部落到现在还认为他是自己的祖先，希望尽早结束研究，将其重新安葬。原住民现在还会去保管肯纳威克人遗骨的伯克博物馆，为其在九泉之下游荡的灵魂祈祷。科学与民间信仰之间的矛盾，是不会随着法院的一纸判决而结束的。

## 威拉德·利比：提出放射性碳定年法的天才科学家

威拉德·利比（1908—1980）

照片出处：Emilio Serge 视觉档案馆，美国物理研究所，科学图片图书馆

威拉德·利比于 1908 年出生在美国科罗拉多州一个农夫家中。读完只有两个班级的小学和初中之后，利比随父母一起搬到了加利福尼亚州。在高中，利比开始崭露头角。从加州大学伯克利分校毕业后，利比于 1933 年获得化学博士学位，留校担任助教后很快晋升为副教授。1941 年，利比获古根海姆纪念研究基金资助，前往普林斯顿大学做研究。但第二次世界大战期间，因被选为原子弹研发项目"曼哈顿计划"的成员，利比暂时前往哥伦比亚大学。1945 年，第二次世界大战结束，利比来到芝加哥大学。同年，他的双胞胎女儿降生。

20 世纪 40 年代，利比博士与两名研究生一起，提出了用于测定地球古生物生存年代的放射性碳定年法。在此之前，人们只能通过大致的猜测判断考古学遗迹中挖掘的遗物年代。利比团队提出的这种测定方法可以更准确地进行测定。放射性碳定年法对民用核能研究和宣传也具有推动作用。

1955 年 8 月 15 日，利比博士登上《时代周刊》封面，这期杂志以很大的篇幅讲述了他在战后的科研活动。利比博士 1959 年任职于加州大学洛杉矶分校，并于次年——1960 年因放射性碳定年法获得诺贝尔化学奖。加州大学洛杉矶分校化学系的元老级教授们有着亲自教授基础化学的传统，所以利比博士也为新生上了几年课。

1966 年，他与当时被誉为"天才"的蕾欧娜·伍兹（1919—1986）再婚。蕾欧娜 14 岁高中毕业，18 岁从芝加哥大学化学系毕业，23 岁参与了世界最早的原子核反应堆研究。她在很小的年龄就在核物理学方面崭露头角，是参与"曼哈顿计划"的唯一女性。在纽约大学担任教授之后，蕾欧娜同丈夫利比一起就职于加州大学洛杉矶分校，夫妇二人共同创建了该校环境工程系。利比博士1980 年因肺炎并发症去世，妻子伍兹博士 1986 年死于脑中风。

# 尼安德特人不需要墨镜

一个看起来傻傻的男子在路上走着。他的头发没有梳理，披散下来，面貌看起来也有些不寻常。大厦里的广告牌上挂着保险公司的广告：

"我们公司的官网很简单，连原始人都会用！"

无意中看到这话的男子心情很不爽。他准备回到自己位于市中心的公寓，路上，他给朋友打了电话：

"刚刚看到一个广告，写得好像我们所有人都比他们笨一样，说什么简单得即使是'原始人都会用'。心情很不爽呢。"

这是美国的一家保险公司从 2004 年开始投放的"原始人系列广告"中的一个画面。

这个系列的广告假设我们现在与原始人共同生活，以其新鲜的背景设定赢得了大众的长期喜爱。这则广告中出现的原始人就是尼安德特人，因为提到"原始人"，人们脑海中最先想到的形象就是他们。印象中，尼安德特人与我们不一样，他们穿着动物皮，拿着石块，在丛林中狩猎兔子。那么，尼安德特人真的是这样的原始人吗？他们到底是何时在何地生存的人类呢？他们不会像广告一样，就在我们周围生活着吧？

现代人对于已经灭绝的恐龙或长毛象已经多少有所了解，但在 19

世纪上半叶，人们对于地球上"曾经存在而现在已经灭绝的物种"或"可能形成的此前未有过的全新物种"等概念还很生疏。就是从那时开始，热衷于采集化石的自然历史学家们才意识到，可能有一些之前生存在地球上的生物现在已经不存在了。

1856 年，人们在德国尼安德特山谷中发现一块貌似人头盖骨的骨头，以及 2 块股骨、5 块肱骨和盆骨。发现骨头的矿工叫来了村里学校的老师。这个人爱好收集化石，他看出这些骨头貌似人骨，并不寻常，所以把骨头拿去给解剖学教授辨认。

虽然那时的人很难相信，很久之前有一些与我们不同的人类在地球上生存，但在他们看来，这些骨骼与现在人类的骨骼确有不同。头盖骨只保留了从眼睛上方到头围以及后脑勺的部分，眼睛上方的眉骨严重向外突出。一般来说，男性的眉骨比女性的更突出，欧洲人的比亚洲人的更突出。然而，这个头盖骨的眉骨实在过于突出，上面甚至可以横放一根铅笔。甚至有人开玩笑说，这个骨骼的主人都可以不用墨镜和雨伞了。

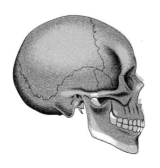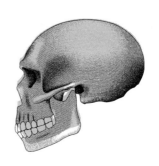

**现代人（左）与尼安德特人（右）的头骨**　人类的表亲尼安德特人的眉骨很突出，几乎没有额头。与现代人的头骨相比，尼安德特人的额头部位很窄，越向后脑勺方向越宽，呈梯形

除此之外，该头骨从眉毛上方到头顶的骨骼倾斜度很缓，额头不只是窄，而是几乎没有。从头围上方向下看，头骨整体呈椭圆形；越向后脑勺方向越宽，呈梯形。这究竟是谁的头骨呢？

这个被称作"尼安德特人"的化石，之后成为代表所有尼安德特人的骨骼。发现尼安德特人之后，很多人认为，这是一个生活在罗马时期的军人，因为生病被抛弃在洞窟中。普通人的头骨不会是这种奇怪的形状，股骨也不会如此弯曲而粗壮。因此，人们认为他患有骨骼疾病。然而，并非所有人都能接受这种解释，因为无论什么病，普通人的骨骼也不会变形成这种样子。

## 达尔文的"自然选择"：揭开进化的原动力

尼安德特人被发现3年后，查尔斯·达尔文（1809—1882）于1859年发表了长达502页的《物种起源》。很多人认为，达尔文在这本书中正面再现了人类进化的过程，但书中提到的多种动植物的进化过程仅为证明人类进化提供依据，阐述比较简单。《物种起源》在很多方面都很惊人，认真读完原著就能够理解，为什么过了150多年，它仍然能够被视为"经典"。达尔文是一个非常严谨的人，他在书中一一列举了自己乘坐"小猎犬"号在全球各地收集到的动植物解剖形态及其生存环境。此外，他还详细说明了收集到的化石信息以及全世界各地的地质学信息。

达尔文还长篇阐述，人类根据自身需求而为动物配种，因此有了外貌不同的狗以及各种植物。动物被按照人类的需要进行配种，因此有了更可爱的宠物狗，也有了比牧羊犬更凶猛的狗。能适应特定环境需求的动植物比不能适应环境的动植物更容易存活，动植物的形态就会向能适应环境的方向演化发展，这种变化过程就叫作进化。19 世纪中叶，学界已经广泛接受"进化"的概念，所以达尔文的进化理论本身在当时并没有带来很大反响。

《物种起源》中，具有划时代意义的是关于进化过程原动力的部分。达尔文主张，生物进化，即动植物向某一特定方向发展变化的原动力是"自然选择"，这一说法遭到了多方反驳。因为在基督教盛行的欧洲，人们深信，生物的进化受神的意志支配，由神指引。而达尔文的进化论中提出的观点却是，不需要借助神的力量，个体也可以向更适合生存的方向进化。

根据达尔文提出的自然选择，只需满足 3 个条件就能实现进化：生物体间的形态或行为方式要有所不同（即需要具备多样性）；这种形态或行为方式的不同能够对存活率产生影响（可以简单理解为适者生存）；这种对存活率产生影响的形态或行为方式能够向后代遗传。听起来好像很复杂，但举个例子就能够很快理解。

以青蛙为例。亮绿色的青蛙主要趴在树叶或草上。虽然在我们看来青蛙都外表类似，但仔细观察可以发现，每只青蛙个体的体色都有所差异。青蛙如果贴在草叶上，通常不会被看出来，这就是青蛙为适应栖息地环境而进化的结果。

但是，假设决定青蛙体色的基因发生突变，这个基因突变导致某只青蛙变成了褐色。（如果这样它们也不能叫作"青"蛙了！）此时首先满足了我们前面提到的第一个条件，现在有了形态不同的青蛙。与那些体色与叶子几乎相同的同类相比，褐色的"青"蛙被天敌——蛇发现的概率会更大。因此，与青色的青蛙相比，褐色"青"蛙会更早被蛇吃掉。那么第二个条件也就成立了。

最后，如果体色不向后代遗传，那么被蛇吃掉的褐色"青"蛙将在这一代结束。但如果是可以遗传的性质，又有数十只褐色"青"蛙出生，故事就不一样了。此时，如果自然环境不发生变化，这些褐色的"青"蛙最终只能走向灭亡。然而，如果该地区的自然环境发生变化，草逐渐消失，树木和石头变多，那么在草木茂盛时期占优势的青色青蛙此时反而会处于不利地位，而在草丛中无法生存的褐色"青"蛙却可以安然隐藏在石头或大树下。这就是自然选择引发的进化。

这种例子在我们周边有很多，没必要一一列举。如果你认为科学家们都直接接受了达尔文的观点，那就大错特错了。反对达尔文理论的人们为了证明其理论错误，在自然界中不断寻找，做了无数实验。然而，如今已经过去 150 多年，我们越来越能够证明，进化是自然选择的结果。在实验室中无论进行多少实验，最终都证明，只要满足这 3 个条件，动物真的会发生变化，都会向更适宜生存的方向改变。不存在满足这 3 个条件却没有任何变化，或向不适宜生存的方向改变的情况。再加上随着遗传基因研究的划时代进展，我们不仅能够从外部形态或行为方式观察，更可以通过细胞内的遗传基因观察进化的历史。

达尔文在《物种起源》中足足用 3 章罗列了一些很难通过"自然选择"理论解释的问题。他如实讲述了适用这一理论时会产生问题或不清晰的部分，详细指出了自己理论中可能存在的问题。不知有多少学者能做到如此直面自己理论的缺陷。比如，达尔文说，依据他的理论，我们应该能够发现很多已经灭绝的物种化石，而实际上却没有。然而，这是因为人们从达尔文生活的年代才开始探索已灭绝生物的化石，并不是这些化石不存在。自《物种起源》出版到现在，是人类发现已灭绝生物化石最多的时期。即使只看尼安德特人化石，自从最早发现此类化石到现在 150 多年的时间里，其数量也已经达到 400 多例。

其实，在发现德国尼安德特人的 8 年前，人们已经在西班牙东南部直布罗陀发现了一个几乎完整的尼安德特人头骨。然而，当时人们认为这个与现代人有些不同的头骨属于《圣经》里"大洪水"之前死亡的人，并将其放在了博物馆的仓库。之后，随着德国尼安德特人的发现以及《物种起源》的出版，这个曾经被埋在直布罗陀地下的头骨才得以进入人们的视野。这个头骨化石确实与德国尼安德特人的头骨形状很相似。

此后，比利时的 Spy 遗迹、克罗地亚的克拉皮纳遗迹以及欧洲其他各地开始陆续发现尼安德特人的遗骨。这些遗迹中，经常会一同发现名为"莫斯特"的石器。年代测定结果表明，尼安德特人生活在 3 万 ~20 万年前，在这段漫长的时期里，他们贯穿了欧洲西部到中东部以及中亚地区。19 世纪初次发现尼安德特人时，由于当时谁都没有见过与人类如此相似的化石，所以它成为争论的对象。然而，陆续发现极其相似的骨骼以及形态几乎相同的石器后，我们已经能够大致还原现代人类的表亲——尼安德特人的进化和生活场景。

## 查尔斯·达尔文：终身致力于采集并记录动植物标本

查尔斯·达尔文（1809—1882）

查尔斯·达尔文出生于英国小城什鲁斯伯里，在六兄弟中排行老五。他的父亲是一名富有的医生，外祖家拥有英国代表性陶瓷艺术品牌"韦奇伍德"。达尔文的母亲在他8岁时去世，父亲将他抚养成人，并把他送入英国名气最高的爱丁堡大学医学院。

1825年开始，达尔文无法对课上所学的内容产生兴趣。实际操作外科手术时，他甚至忍不住作呕。达尔文一有时间就去学校的博物馆学习植物的采集、分类以及保管，他还沉迷于当时流行的"收集甲虫"，完全不顾学业，一心钻研自己的爱好。父亲对此感到失望，决定把他培养成神职人员，并于1828年将他转学到神学院。达尔文虽然在神学院取得了很好的成绩，但他仍然将大部分时间放在动植物的采集和分析上。

约翰·亨斯洛（1796—1861）教授的植物学课程是达尔文人生中的重大转折点，两人已经超越了师生关系，成为学术上的对话伙伴。一天，亨斯洛教授对达尔文说，一艘名叫"小猎犬"号的船即将出发，开往南美、澳大利亚、非洲海岸，问他想不想搭船到世界各地收集动植物样本。这对于达尔文来说是梦寐以求的机会。虽然父亲强烈反对，但舅舅帮他说服了父亲。最终，达尔文在 1831 年登上了"小猎犬"号。

这艘船从英国出发，途径西非海岸、巴西、智利、加拉帕戈斯群岛，绕行澳大利亚和南非开普敦，5 年后回到英国。船一停在某个地方，达尔文就会马不停蹄地在当地收集动植物样本。除了众所周知的加拉帕戈斯地雀和象龟，从贝壳中的浮游生物等无脊椎海洋动物，到早已灭绝的长 6 米的大型树懒化石，达尔文把遇到的样本都一一收集了起来。

达尔文虽没有系统接受过动植物分析及分类的课程，但他很细致地记录整理了标本发现的地点以及对应的地形特征。收集到一定数量的标本之后，他会连同详细的记录一起寄回英国。也因此，1836 年"小猎犬"号回到英国时，达尔文已经成为学术界的新星。达尔文将收集到的动物标本分别交给不同领域的专家进行研究，这些专家在 1838~1843 年根据达尔文的标本以及记录日志，进行了仔细的分析研究，并出版了 5 本系列丛书（哺乳类化石、哺乳类、鸟类、鱼类、爬行类）。

1839 年，达尔文 30 岁时，与舅舅的女儿——他的表姐爱玛·韦奇伍德结婚。孩子们出生后，达尔文一家搬到了相对安静的"唐恩小筑"（位于伦敦东南 25 千米，达尔文曾在此写作《物种起源》，现已成为名胜古迹）。达尔文夫妇共育有 10 个孩子，但其中两个孩子在出生时就夭折了。大女儿安妮 10 岁时因病去世，这对于无比疼爱大女儿的达尔文夫妇来说，无疑是一个很大的打击。本就是"工作狂"的达尔文自此更加专注于研究和著述，《物种起源》这本超过500页的著作就是在这样的背景下诞生的。1859年，该书首次出版即在整个欧洲引起了轰动。这之后，达尔文逐步完善内容，在10多年的时间里又发行了6次修订版。

达尔文年轻时身体比较虚弱，稍感疲劳就会产生头痛、呕吐、发烧等症状，所以医生建议他注意休息。但

《物种起源》第一版

是，如果不是很严重的身体不适，达尔文几乎从来不休息，而热衷于图书的编著工作。《物种起源》是达尔文的代表作，但除此之外，他还出版过很多其他图书，并发表大量论文，稿件数量和种类都多得惊人。珊瑚礁的分布与成长过程、动物交配的过程与结果、火山岛的形成与地质学、人类的由来、兰花的种类与培育技术、藤蔓植物的生长过程与栖息环境、人类养殖的动植物种类与变异、人类与动物的表情、捕食昆虫的植物、植物的自体受精与异体受精、花的种类多样性等，都是他的文章涉及的课题。

身体状况逐渐恶化后，达尔文又开始了最后一本书的撰写，这本书讲的是他一直关注的蚯蚓。达尔文将"唐恩小筑"庭院中的蚯蚓翻出地面，夜以继日地认真观察蚯蚓的行为，尤其关注蚯蚓如何优化土壤质量。这本书出版后不到1年，1882年，达尔文逝世于"唐恩小筑"，享年73岁。从当时众多报纸都发布讣告就能看出，他

是一位极受尊敬的学者。查尔斯·达尔文一生专注于多项课题的研究，并留下了数量惊人的著作，最终与牛顿一样，被安葬在伦敦威斯敏斯特大教堂。达尔文的头像被画在英国的纸币上，他是代表英国的科学巨匠，同时也是对人类认知历史具有巨大意义的学者。

★有关达尔文的详细资料，请参考 http://darwin-online.org.uk。该网站不仅整理了达尔文的编年史，也提供其众多著作的免费下载。

# 智人与尼安德特人的相遇

尼安德特人从被发现到现在，受到了很多人的关注。他们与我们很相似，却又有所不同。我们好奇他们是如何被我们的祖先打败并最终灭绝的。遗传基因分析技术的发展，使尼安德特人在我们视线内更加活跃。现在已经不存在于地球的尼安德特人基因与我们的基因有哪些不同呢？如果分析他们的遗传基因，是否能够得知他们为何灭绝呢？再进一步，能否得知是什么使人类成为人类，使尼安德特人成为尼安德特人呢？直到 30 年前，这些问题都还只能出现在电影的虚幻场景中，但如今有人将之变为了现实。

## 世界最早的木乃伊遗传基因分析

20 世纪 80 年代初期，斯文特·帕玻（1955—  ）是北欧最高学府——瑞典乌普萨拉大学医学院一名被寄予厚望的学生。他外貌干瘦，语调平缓，他的父亲是 1982 年获诺贝尔生理学或医学奖的著名瑞典化学家。然而，父亲没有把他这个儿子公诸于世，他从小到大也没有叫过

"爸爸"。可能因为母亲也是一位化学家，所以比起治病救人的医生，帕玻更希望成为一名研究基础医学的生化学家或遗传学家。但既然已经进入了医学院，他也不是没想过开诊所谋生。帕玻平时都因复杂的实验而紧绷着神经，为了放松大脑，他经常去博物馆听有关埃及文化的讲座。一天，帕玻不想在实验室继续做毫无头绪的遗传基因相关实验，就与往常一样去博物馆参观木乃伊，作为短暂的休息。就在这时，他突然冒出一个想法。

帕玻认为埃及木乃伊的保存状态完好，于是想利用木乃伊进行遗传基因的研究。如果能够从木乃伊体内提取到遗传基因，那么是不是就能知道当时生活在埃及的人们与现代埃及人之间的血缘关系？他为这一想法感到兴奋，一口气跑到图书馆，翻看有没有关于分析古代人遗传基因的案例。在 20 世纪 80 年代，遗传基因分析技术还不发达，当时并没有相关的研究论文。从没有人做过类似的尝试，可能说明这种尝试成功的可能性很小，但不能不尝试就放弃。

帕玻首先实验能否从木乃伊干燥的身体组织内提取 DNA。当时，他已经完成了本科的学习，正在免疫学实验室攻读医学博士学位。他进行的这项实验与博士学位论文完全无关，所以要尽量避开导师和同实验室其他同学的注意。等到大家都回家之后，帕玻从小区超市买来生牛肝，将牛肝放在实验室的烤箱里，用 50 摄氏度加热到与木乃伊一样干脆的状态。第二天大家来到实验室后，闻到的全都是牛肉的腥味。就这样，帕玻原本打算悄悄做的实验最后还是暴露了。

当帕玻说他想从古代木乃伊体内提取遗传基因并与现代人做比对时，实验室的同学们都开始劝他放弃。他们认为，时间如此久远的木乃伊中怎么可能提取出遗传基因。免疫学才是当时最热门的领域，从现实角度看，认真做免疫学相关分析，之后去一所好大学担任教授才是更有前景的做法。帕玻的想法没有得到任何人的支持，这反而激发了他的好胜心。从完全干燥的牛肝中提取 DNA 很简单，帕玻因此看到了一些希望。他向博物馆管理员讲述了自己的计划，请求能够从博物馆得到一些实验材料。管理员知道他此前经常出入博物馆，于是允许切去木乃伊的少量肌肉。在完成博士学位相关实验之后的一个深夜里，帕玻开始试图从木乃伊的肌肉中提取遗传基因。

提取遗传基因，即读取 DNA 的工作并没有想象中那么简单，尤其是在 20 世纪 80 年代初期，那时，凯利·穆利斯（1944— ）研发的 PCR（Polymerase Chain Reaction，聚合酶链式反应，能够复制特定的部分 DNA）遗传基因复制技术还没有普及。最终，历经几天几夜的漫长实验以失败告终，帕玻没有从木乃伊的肌肉中提取出任何遗传基因。如果当时放弃了，不知道他现在还能不能成为知名的化学家。然而，之后的每个晚上，帕玻还是会投入到自己提取古代遗传基因的项目中。这毕竟是 3000 年前的木乃伊，保存状态不够完好是必然的。因此，如果能够获取更多木乃伊样本，是不是就有可能从其中一个中成功提取遗传基因呢？当时东柏林博物馆保存的木乃伊很多，一直支持他的博物馆管理员建议他去那儿看看。帕玻直接从瑞典坐飞机到了德国，在那里，他获得了数十个木乃伊样本。

回到瑞典之后，帕玻认为有必要确认所带回的木乃伊样本的年代。于是，他将一部分样本送到放射性碳定年实验室。实验室教授很欣赏这位博士的努力和热情，免费帮他做了年代测定。帕玻从德国带回的木乃伊样本是 2400 年前的人，现在，只要提取遗传基因即可。"精诚所至，金石为开"，帕玻所有的努力终于没有白费。他从木乃伊样本中成功提取了 3400 对 DNA 碱基信息。人类细胞中的 DNA 有 30 亿对碱基序列，3400 对并不算很多，但在遗传基因提取技术并不发达的 20 世纪 80 年代，从数千年前的木乃伊体内成功提取出 DNA，已经是一件很了不起的成果了。

帕玻对结果很满意，决定向世界顶尖学术杂志《自然》投稿，但使他有所顾虑的是自己的导师。当初自己号称为了研究免疫学而跟随导师，如果导师知道自己每天晚上都在做着与专业不相关的事情，会不会感到被"背叛"了呢？帕玻担心导师批评自己把时间花在一些无用的事情上，所以小心翼翼地向教授坦白了一切。他还问导师，因为是在实验室做的研究，能不能以合著者的身份共同发表论文。教授细细地听了帕玻的实验内容，夸奖他很优秀，还表示，既然是帕玻自己完成的实验，为什么要加上导师的名字，就以他自己的名义发表吧。这确实是一位豁达的老师。就这样，帕玻的第一篇论文被发表在《自然》杂志上。

斯文特·帕玻放弃了能够保障稳定生活的医生之路，将自己的青春贡献给了古 DNA 研究。德国慕尼黑大学高度认可其研究成果和热情，直接任用他为教授。不用再为终身教职辛苦奔波的帕玻更加心无旁骛地推进研究项目。之后，他就职于德国马克斯－普朗克人类进化研究所，创立了古 DNA 研究实验室，正式开始科研活动。在研究所，他的研究获得了多种支持，甚至包括专用建筑。

## 我们体内流淌着尼安德特人的血液

帕玻很久之前就一直想做一件事：复原已经灭绝的人类表亲尼安德

特人的遗传基因。此前从没有人对已经灭绝的人类进行过 DNA 分析，如果成功，这项研究将成为人类科学史上具有里程碑意义的成果。为了获得尼安德特人的骨骼样本，帕玻四处联络。虽然全世界有数百块尼安德特人骨骼，但都集中保存在几个博物馆中，而管理员都一致拒绝提供骨骼样本。帕玻劝说管理员，如果能够研究已灭绝人类的遗传基因，那么博物馆中保存的尼安德特人骨骼将会更有价值。最终，他成功获得了克罗地亚博物馆保存的几块尼安德特人遗骨，它们出土于克拉皮纳和温迪亚遗址。

在复原尼安德特人遗传基因的研究中，关键在于如何克服样本污染。活着的人细胞很多，即使稍微碰一下，都会在遗骨样本上留下自己的基因，可能是不经意间掉落的一根头发，可能是手指上脱落的微量细胞或汗液，也有可能是不经意溅的唾沫。而历史久远的骨骼由于风化作用等因素，其中存有的细胞和基因都较少。这种情况下，即使科研人员只有微量基因覆盖在骨骼样本上，也会导致无法提取样本中的基因。这就是样本污染。

如果在遗传基因实验室分析猫的基因，样本污染问题就不会这么严重。因为如果在猫的骨骼上发现人类的遗传基因，可以马上辨别出这是研究人员的 DNA，而不是猫的 DNA。然而，尼安德特人的 DNA 与现代人极为相似，如何识别 DNA 所属是一个问题。另外，猫的 DNA 是已知状态，而如果从尼安德特人骨骼中提取出的 DNA 是研究人员的DNA，则无法判断是尼安德特人与现代人类具有相同的基因，还是出现了样本污染。

帕玻在全球召集了聪明的学生进入自己的实验室，开始正式研究。帕玻教授的团队每周进行一次激烈的探讨，每人都研究如何克服这个问题，在讨论中阐述，大家共同思考。在学生们的聪明勤奋和教授的指引下，关于尼安德特人一部分 DNA 的分析结果终于在 2006 年发表于《自然》杂志。

2014 年伊始，《自然》杂志刊载了一篇惊人的论文，也出自帕玻教授团队。以"我们体内流淌着尼安德特人的血液"或"现代人与尼安德特人曾交配"为标题的新闻顿时遍布全球。在这之前，人们一直认为现代智人与尼安德特人没有进行过配对行为，因为智人与尼安德特人是两个完全不同的人种，应该并不能够互相吸引。然而，事实却是，地球上现在生存的所有人类遗传基因中，有 5% 遗传自尼安德特人。但是，非洲人体内并没有发现尼安德特人的基因。据此推断，尼安德特人可能起源于欧洲，之后扩散到欧洲各地和亚洲，却没有到达过非洲。

自从这篇"我们体内流淌着尼安德特人的血液"的论文发表之后，帕玻教授收到了世界各地发来的邮件。其中很多很有趣，比如："我早就知道会是如此，我老公看起来就很像尼安德特人。如果您需要，我可以提供样本。"更有意思的是，很多人说自己的丈夫是尼安德特人，却没有一个人说自己的妻子是尼安德特人。可是尼安德特人中必然存在女性，那么现在出现这种现象，可能是因为目前为止人们印象中的尼安德特人都是原始的男性形象吧。通过对尼安德特人基因的研究分析，我们得知他的头发是红色的，和我们一样用语言沟通。

我们既然已经能够读出基因的信息，那么能不能像电影《侏罗纪公园》中复原恐龙一样，复原尼安德特人呢？与复原恐龙不同，复制尼安德特人相当于复制人类，存在很多伦理问题，应该是不可能实现的。然而，这世上的事情有时就会出人意料地发生，谁知道会不会有哪天，人类成功复制了尼安德特人呢？

# 凯利·穆利斯：研发 DNA 无限复制技术的自由灵魂

**凯利·穆利斯（1944—　）**
照片出处：cc ⊕ ⊚ Dona Mapston

　　凯利·穆利斯是一位鬼才科学家。他认为，相比于在实验室里拿着移液管做实验，不如去冲浪或开车兜风更能带来科学的灵感。穆利斯于 1944 年出生在美国东部北卡罗来纳州，1966 年从佐治亚理工学院毕业，1972 年获得加州大学伯克利分校生物化学博士学位。他不喜欢坐在书桌前搞研究，毕业之后没有选择教授工作或研究工作，而是暂停学习开始写小说，同时经营着一家面包店。

　　几年后，穆利斯回归学术界，在堪萨斯和旧金山大学做博士后。从 1979 年开始，他在一家叫作西特斯的研究所担任 DNA 化学员，工作了 7 年。1983 年的一天晚上，穆利斯开车载着女友在加州凹凸不平的路上行驶，一个新奇的想法冒了出来。这就是与当时的 DNA 复制方法完全不同的 PCR，这种技术可以无限复制 DNA 中研究人员需要的部分。

　　穆利斯在自传和个人主页上生动描绘了那晚开车时冒出的想法。他因提出 PCR 技术而获得 1993 年诺贝尔化学奖。然而，由于穆利斯当时是西特斯研究所的职员，所以该项技术归西特斯所有。穆利斯曾公开批评公司，自己才是真正研发这项技术的人，但西特斯只给了他1万美元，而几年后却以3亿美元的价格将公司卖出。他回避了一点，拿到1万美元之后不久，自己就从公司辞职了。

对于穆利斯来说，谈论生物学相关的故事远比做生物学相关的科研更有趣，所以之后他主要开展讲座和著述工作。获得诺贝尔奖之后，穆利斯的兴趣逐渐移向一些奇怪的方向。从主张"艾滋病不是由HIV引起的"，到指出"人类行为加速全球变暖是毫无根据的阴谋论"，他涉猎的范围很广。即使不是他的专业领域，但因为是从诺贝尔奖得主口中说出的话，自然不乏听众。对此，《纽约时报》等媒体发布了题为"做出发明之后堕落的诺贝尔获奖者"的报道，加大了对穆利斯的批判。这位爱憎分明的"自由灵魂"现在与第四任妻子居住在加利福尼亚州。

# 为什么"智能设计论"不是科学？

我们周围经常会有人宣称自己"不相信进化论"，这就像在说"我不相信宇宙的存在"一样荒唐。人类已经乘坐火箭进入了外太空，并拍下了美丽的地球，此时已经几乎没有人再说不相信宇宙的存在了。然而，不相信进化论的人却对自己的主张充满自信。他们提出的根据包括上帝的"创世论"以及其他各种证据，试图证明进化论是无稽之谈。

我们全家都信仰基督教，我从出生时就相信上帝的存在，但听到那些反驳进化论的理论还是觉得很无语。当然，我能理解那些人是出于对《圣经》的尊重，毕竟《圣经》中提到"上帝创造了天地"。但从科研工作者的角度，我无法理解他们竟然全盘接受《圣经》中的内容，却否定现代生物学基础——进化论。上帝创造天地万物的"创世论"被称为"创造科学"，好像真的是一门科学一样。甚至有人主张，"创造科学"也要成为学校课程之一。然而，这种想法实在太荒唐了，就像认为"炼金术"也是"炼金科学"，所以要求学校必须在化学课上同时教授"炼金术"一样。

生物的进化理论是学术工具，负责解释生物灭绝以及新物种产生的过程，即现实中已经出现的变化。对某种抗生素产生耐受性的微生物遇到相同种类的抗生素时不会死亡，这是比较常见的一个进化案例。很多"创世论"者认为，进化生物学家的使命就是维护达尔文的进化理论。但其实，科学家都梦想自己的研究能够名垂科学发展史。因此，如果发现不符合达尔文进化论的现象，一定会第一个将自己的发现广而告之。因为如果真的有这种发现，就会成为改变科学体系的重要事件，是将自己的名字写入人类历史的绝佳机会。

科学家们没有理由对达尔文无条件地服从，如果发现进化论有不对的地方，就更没有理由继续支持他的理论。无论哪种科学理论，人们都没有办法证明它是正确的，只能证明它不是错的。如果之后发现能够证明该理论错误的证据，那么这个理论从此就不会被人们所接受。达尔文的进化理论从问世到现在已有150多年，但目前还没有发现他的理论无法解释的现象。随着遗传学的快速发展，人们进入了一个此前并不知晓的生命根源——遗传基因的世界。只有通过基因向后代遗传某些性质，进化才能实现。因此，科学家们开始深度研究遗传学相关资料。迄今为止，科学家们还没有发现使用达尔文的进化理论无法解释的遗传基因进化现象。

## 要在初中生物课上教授"创世论"？

在教会的主日学校中教授"创世论"无可厚非，但如果要在公共学校的生物课上教授此类内容，就会带来很多问题。美国虽然以基督教为国教，但禁止根据宪法中"宗教自由"的相关规定，在公共教育中教授宗教内容。但反过来想，如果"创世论"不是宗教理论，而是一种"科学"，那么就可以进入学校课程了。宾夕法尼亚州多佛尔地区教育厅负责人仔细斟酌后提出了这个新奇的想法：学校不能教"创世论"，但讲授"创世科学"应该是没关系的。这个"听起来不错"的想法得到了很多基督教人士的赞同：

"是呀，不教基督教理论没关系，我们说的是教学生'创世科学'。"

自此，这些人开始努力证明"'创世论'是科学"。那么，他们最终成功了吗？

20 世纪 90 年代末期，有人提出"智能设计论"（intelligent design theory）。他们认为这种理论不仅与基督教相关，而且更能够说明地球上所存在生物的诞生与变化。"最早的人类是亚当与夏娃"，这种说法很难得到非基督教徒的认可，所以他们巧妙地避开了这个话题，由此产生了"智能设计论"。"智能设计论"经常将人类比喻成钟表的内部结构，这种比喻源于 1802 年，一位叫作威廉·佩利的神学家试图从哲学角度证明神的存在。

假设你在海边散步时，从沙滩上发现了一块表。这块表是如何来到海边的呢？"这个内部结构复杂的手表自己创造了自己，并且自行来到海边"，比起这种解释，更具有说服力的当然是"某个人为了某种目的制造了这块表"。同理，对于人类如此复杂的身体结构，在"创世论"者眼中更合理的解释是"被创造的"，而创造人类的就是神。尝试将"创世论"包装成科学的人们搬出 200 多年前的理论，只是悄悄地将这个创造人类的"存在"从"神"变成了"智能设计"。

多佛尔教育厅负责人向保守基督教团体托马斯莫尔法律中心请求帮助。他们劝说学校方面的负责人，初中生物课上讲述达尔文进化理论时，要说其只是理论，并非事实，而且希望能够同步教授"智能设计论"。但一些生物教师认为，这与在生物课上教授"创世论"没有区别，从而反对学校的要求。这个消息很快在学生家长间传开。即使当地有很多虔诚的基督教徒，但仍有一些学生家长与教师的意见保持一致：不能将"创世论"包装成科学教给孩子。

2005 年的一天，多佛尔地区的 11 名学生家长对多佛尔教育厅提起诉讼。双方的分歧在于，"智能设计论"究竟是学生家长们口中伪装成"科学"的宗教理论，还是教育厅所主张的"真正科学"。至于"创世论"和"进化论"，并不是双方争议的焦点。新闻接连几天报道了这场诉讼，当时是我留学的第三年，同学们只要聚在一起就会讨论这个话题。一切就像一场很有趣的电影一样。

很多生物学、哲学、科学史教授自愿为学生家长作证。他们提出，科学理论需要具有空间，使得发现反面证据时能够纠错，而"智能设计论"从根源上没有反驳的空间，所以不是科学。法官向作为证人出庭的布朗大学生物系教授肯尼斯·米勒提问，如果在科学课上给学生们教授"智能设计论"，会产生什么后果。对于这个问题，米勒是这样回答的：

"我信仰神，我的两个女儿也是虔诚的基督教徒。现在要做的选择是，承认教育厅准备尝试科学教育还是神学教育。我反对我的女儿在这种教育环境下成长，因为我希望她们在接受正确的科学教育的同时，仍能保持自己的信仰。"

时任总统布什将这个事件移交至宾夕法尼亚州联邦法院审判长约翰·琼斯。学生家长听到审判长是琼斯这个消息后很失望，而教育厅方面则暗中欣喜，事情的态势明显对教育厅更加有利。琼斯审判长出生于宾夕法尼亚州，是一位虔诚的基督教徒，并且支持保守派共和党。因此，人们认为，这起诉讼从最开始就对原告不利。

审判持续了几个月。支持"智能设计论"的理海大学生化系教授迈克尔·维希为被告方作证。法官问他为什么认为"智能设计论"是科学，他回答："我认为，所谓科学，就是能够从逻辑上解释人们观察到的事实的理论。"对于被告方来说，最大的问题就是，没有以"智能设计论"为基础发表的学术论文。如果说"智能设计论"是科学，怎么会没有一篇相关论文呢？被告方提出，由于科学界主流支持进化论，所以各大科学杂志对于有关"智能设计论"的论文不予刊载。然而随着时间的流逝，被告方的主张力度逐渐变弱。即便如此，鉴于主审法官是虔诚的基督教徒，再加上其政治上的保守立场，学生家长还是不能放心。

最终，审判终于有了结果。我和朋友们坐在学校的实验室里，等待着宣读结果的瞬间。在最后的陈述环节，被告方辩护律师向审判长发问：

"审判长，今天已经是审判的第 40 天了，我想知道审判长是不是在有意控制审判时间。"

《圣经》中，"40 天"这个天数极常见。暴发大洪水时，雨下了 40 天，之后又等了 40 天，洪水才退去；摩西用 40 天时间登上西奈山，与上帝对话；等等。审判长想了想，微笑着回答道：

"这确实是一个有趣的巧合，但并非我有意'设计'。"

这真是一段机智的美国式问答。

尽管"智能设计论"的支持者们在这 40 天中做了很多努力，但法院的最终裁定还是支持了学生家长。长达 139 页的判决书是这样开始的：

"根据以下原因，本法院认为，'智能设计论'的本质明显是宗教。只要是能够客观思考的人类，无论成人还是儿童，都能轻松判断'智能设计论'的宗教性意图。"

琼斯审判长认为，即使"智能设计论"是事实，它也明显不是科学；将从科学上无法得到承认的、具有宗教性意图的理论包装成"科学"并向学生教授，这种行为违反了宪法。教育厅方面放弃上诉，在下一届教育厅选举中，所有曾经支持"智能设计论"的官员都落选了。事件就此结束。

琼斯预料到，结束审判后，自己会受到保守派基督教团体的批判。不出所料，批判他是"左翼法官"的舆论扑面而来，甚至有威胁称要杀他全家，警察厅不得不派贴身警卫保护琼斯。但对于审判结果，他仍然很坚定。最初开始审判时，琼斯还认为"智能设计论"可能是科学，但在审判过程中，听了双方的辩论，他确认"智能设计论"是被包装成"科学"的宗教，在学校教授宗教内容必须被判为"违反宪法"。他引用古语："热情是好的，但对宗教的热情可能成为危险的工具。"并补充称，不能因为一部分基督教徒主张"智能设计论"是科学，就把不是科学的东西说成是科学。当然，"智能设计论"人士仍然认为判决是不合理的，并声称进化论者正在试图从源头封杀"智能设计论"。这场如电影般的诉讼就此了断。

## 宗教是宗教，科学是科学

美国"创造科学"博物馆入口陈列着恐龙与人并排行走的模型。根据《圣经》的记载，地球的年龄大概是 6000~10 000 岁，这是按照"一天有 24 小时"并结合《圣经》中的一系列事件计算的结果。因此，相信《圣经》的人认为，恐龙不可能生活在数亿年之前的地球上，天地万物都是在 6 天之内被创造出来的，所以人与恐龙曾经生活在同一时期才符合逻辑。

如果从比发现恐龙更早的地层中发现了人类的化石，那么就可以推翻进化论。但到目前为止，世界各地都没有此类发现。"创世论"者最咬住不放的问题之一就是，地质学中的年代测定方法存在错误。关于与"创世论"者观点相悖的地质学错误，只有地质学家最为了解。他们为了纠正年代测定法的错误，进行了长时间的研究。除了几个可能出现的错误，学界已经广泛接受：综合多种方法可以准确测定年代。

《创世纪》不是科学图书，宗教也无法取代科学。有必要通过科学证明亚伯拉罕在上帝的恩惠下活到 175 岁吗？上帝的爱、佛祖的慈悲、真主安拉的恩宠，为什么一定要用现代科学去证明呢？我相信，宗教的力量比科学的力量更强大。因为相信神的人们即使眼前看不到神，但他们会永远相信神的存在，并以之为依靠。我遇到困难的时候也会先祈祷。然而，科学家不相信看不见的东西。一些进化生物学家无视宗教，认为所有事情都能够通过科学得到合理的解释。我认为他们与"创世论"者一样片面。

如果否定了《创世纪》中记载的内容，就等于从根源上否定了《圣经》中关于救赎的信号，所以很多人发声，号召人们相信"创世论"。可能因为我对《圣经》了解不多，即使不接受《创世纪》中记载的内容，通过《圣经》中充满智慧的箴言和美丽的诗篇，我仍然觉得能够与上帝相遇。虽然我热爱进化生物学，但诵读赞美诗《你真伟大》时，仍然会深受感动，感谢上帝将我带到这个世上。（这段有些离题了吧？因为有太多基督教徒问我，我是如何做到一边学习进化生物学一边在教堂做礼拜的，对此我有太多话一直无从开口。既然是我的书，就在这里把想说的话写出来了。还请读者理解！）

第 4 章

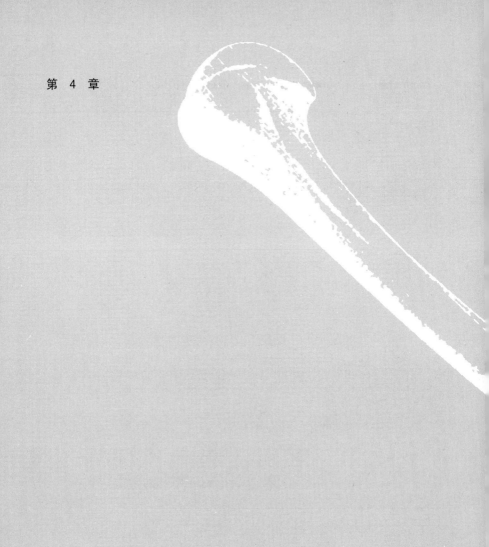

死去的骨骼讲述的故事

# 骨骼知道真相

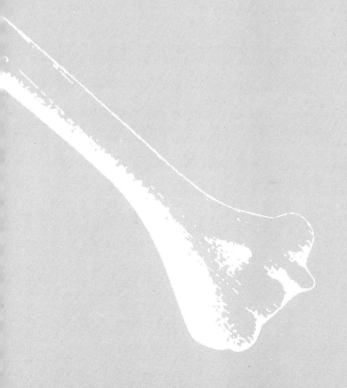

# "露西"：
# 带我走进古人类学的殿堂

我的工作是寻找在战争中失踪的军人遗骸。曾经柔软的皮肤和爱人眼中多情的面孔都已经消失不见，只留下骨骼证明他们存在过。我要做的就是帮助他们找回自己的名字和家人，我很喜欢这份工作。踏上这条路的契机是什么呢？

在我还是大学新生时，为了写一篇老师课堂上布置的读后感作业，在现在已经停业的江南站附近某书店，寻找相关图书。拿到要找的书时，我发现就在这本书的旁边，有一本书叫作《"露西"：最早的人类》（ *Lucy: The Beginnings of Humankind* ）。"最早的人类是'露西'？'露西'是谁？最早的人类不是亚当和夏娃吗？"想着这些问题，我连同这本书一起买下。就这样，偶然遇到的一本书改变了我人生的方向。

2014 年 11 月 24 日，这是让人类学家格外兴奋的一天。因为这天是发现"露西"化石，自此改变人类进化研究范式的 40 周年纪念日。发现"露西"化石之后，人们又陆续发现了数百件不次于"露西"的人类化石。然而，"露西"仍然稳居人类化石的王座，因为她的出现彻底颠覆了科学家此前对人类进化的认知。

进入 19 世纪后，以欧洲自然历史学家为中心，人们对已从地球上灭绝的动物的化石产生了极大兴趣。世界各地都发现了很多人们没有见过的动物骨骼化石。在冰岛地区广泛分布的泥炭层（黑色黏土与腐烂植物构成的沼泽地带）中，陆续出土了很多大型鹿的遗骨。这些鹿身高超过 2 米，如果加上鹿角，足以达到 3.5 米，如此大型的鹿到底是什么物种呢？

当时的欧洲是基督教社会，人们从来没有听说过"上帝创造的动物灭绝了，已经不复存在于地球"这种说法。然而，这种动物的骨骼经常会被发现，这个现象要如何解释呢？学者们相信，因为这种鹿的角太大，被卡在门外，没能登上诺亚方舟，所以被卷入洪水中死亡。然而，这种解释未免有些牵强。比这种鹿更大的大象或长颈鹿是怎么登上方舟的呢？对此，学者们一直不能释怀。

鹿的故事我们暂且放在一边。20 世纪初期，人们开始陆续发现一些像人类却又不是人类的动物的遗骨。在南非、欧洲、中国北京等地，都出土了类似的化石。学界展开讨论，分析这种"像人却又不是人"的骨骼化石的主人到底是谁。人们提出很多假设，有人认为这是人类的骨骼，只是这些人可能生了某种怪病；也有人认为是猿猴的骨骼。最初发现这些骨骼化石的时候，认为是"病人骨骼"的说法看起来最具有说服力，但随着类似的骨骼越来越多地被发现，学界貌似需要全新的解释。

在人类、黑猩猩、猿猴的骨骼方面具有深入了解的解剖学家们对此进行了交流，他们仔细观察后认为，这些骨骼并不属于人类。如果不是人类，那会是谁呢？正确的解释只有一种：他们是很早之前生存在地球上的人类的祖先！然而，当时大部分人很难接受地球上曾经生存的人类与现代人外貌不同。人类与动物一样，是进化而来的结果，这个结论大大打击了人类尊严。

面对这些不断出土的化石，再虔诚的"创世论"者都无法找出其他更巧妙的解释。人类与黑猩猩虽然有很多相似之处，但最重要的差别在于，人类更聪明，而且使用双腿直立行走。凭借这两点，人们慢慢开始相信，人类是从一种更加不像人类的物种进化而来的，而人类之所以能成为人类，最重要的特征就是聪明的大脑，即更大的头部。这样，"用双腿直立行走"这个特征看起来就不是很难，也并不起眼了。然而，"露西"的发现完全颠覆了科学家们的这种假设。

# 直立行走的 12 岁 "露西"

进入 20 世纪 60 年代，美国和欧洲的学者以东非为中心，开始寻找人类的祖先。他们认为，如果让人类成为人类的是聪明的大脑，那么一定会存在四足爬行、头部却很大的人类化石。尤其是肯尼亚和坦桑尼亚等东非地区的大裂谷地带，属于重点挖掘对象。由于受到地球内部的压力，东非地区的一部分地表像被人从两边扯开一样，很多历史久远的地层被暴露在外。一般的考古学挖掘是从地表最上层向下挖掘，而对于东非大裂谷地带，大自然已经为我们挖掘出地层。对于考古学家们来说，这里就是挖掘的天堂。

1974 年，埃塞俄比亚阿法尔州地区，唐纳德·约翰森（1943—　）教授团队在此寻找原始人类的化石。每天骄阳似火，连一棵遮阴的树都没有，在这种条件下寻找化石，即使是很热爱这项工作的人，也会感到

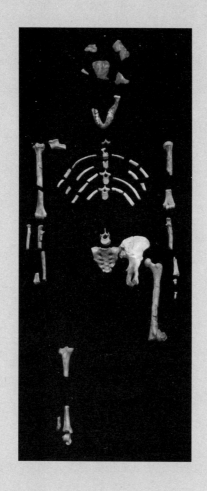

**"露西"** 出土时保留了全身 40％ 的骨骼。人们通过分析判断，人类成为人类的第一个变化不是脑容量，而是直立行走的能力（出处：◎①120）

疲惫。而更让人失落的是，一直在寻找的人类骨骼始终没有出现，找到的只是一些动物的骨骼化石。结束一天的挖掘之后，要将发现的骨骼摆放在外面的桌子上，逐一分类和整理。如果不按时做这些工作，很快就会弄混哪块骨骼是什么时候在哪里发现的。动物的骨骼也是如此，因为就算不是人类的骨骼，但通过对动物骨骼的分析，也能够了解当时该地区的生存环境。就这样，团队每天重复着同样的日常工作。

一天早晨，一名叫作汤姆·格雷的研究生问约翰森："老师，我现在要坐车去昨天没能去的地方找骨头，老师要一起去吗？"约翰森犹豫了一下，因为他还要整理动物骨骼，要为营地必需品的采购做结算，等等。但既然学生说要去未能去过的现场，他还是跟着一起去了。约翰森有一个习惯，每天去现场之前要在备忘录上做一个简单的记录。那天早上，他是这样写的：

"1974 年 11 月 24 日，与格雷一同前往 162 号地点。预感很好。"

约翰森与格雷乘坐路虎汽车，在坑坑洼洼的泥土路上行驶了 10 千米，到达 162 号地点。从车上下来后，眼前还到处都是动物的骨骼化石。在强烈的日照下寻找骨骼化石不是一件简单的事情，因为阳光的反射作用会使石头与骨骼看起来非常相似。约翰森想，看来今天的预感又不准了。临近午饭时，他们要返回营地，决定在附近再挖掘一个地点就走。在 288 号地点下车之后，约翰森看见远处有一个闪着光的不明物体，即使隔着距离也能一眼看出是手肘部位的骨骼。在此之前，他们经历了太多次失望，这次也想着可能是猿猴的骨骼，所以慢慢地走了过去。然而露在地表外的骨骼很明显就是人类的手肘部位。

"格雷！快过来！"

两人在骨头周围仔细地挖掘。脊椎骨出现了，接着是大腿骨。他们

**通过化石整理的人类系谱图** 人类的进化不是单一的直线，而是呈树形，从根部发展出多个分支，多样的人类祖先最终进化为如今的人类（出处：人类起源计划，史密森学会）

稳定了一下情绪，决定先回营地，然后带更多人来认真挖掘。从看见营地开始，格雷就不停地鸣笛，并大声喊道：

"找到了！找到了！终于找到了！"

当晚，营地内举办了盛大的聚会。之前的辛苦有了意义，教授和学生们、挖掘人员共同庆祝这一成果。有聚会当然少不了音乐，当时有人放大音量播放了"披头士"乐队的《Lucy in the sky with diamond》。趁着酒劲，大家尽兴地随着音乐一起唱了起来，从此，这具化石就被叫作"露西"。

# 成为人类的第一步："直立行走"

这具面世的遗骨主人就是"露西"，她 320 万年前生活在非洲大陆。"露西"有很多与众不同之处。首先，当时发现的骨骼化石都是一根腿骨、一根臂骨、一个头盖骨这种单一部位，而"露西"的遗骨包含了全身约 40% 的部位。由于人类的身体是左右对称的，所以这种程度的保留状态相当于可以复原整体。通过对"露西"的分析，人们收获了一个更加令人惊讶的发现。学者们曾经猜测，人类的祖先头部有西瓜那么大，用四足行走，而"露西"则正相反。"露西"的头部只有西柚那么大，脑容量很小，而观察盆骨和股骨的形状可以明确推测出，她是用双腿直立行走的。

这也就告诉我们，人类之所以成为人类，第一步的进化不是脑容量，而是直立行走。之后出土的所有人类骨骼化石都证实了这个假设。就像小孩子都是 1 岁左右先学会走路，之后才开始发育智力一样，人类在进化过程中，也先具有直立行走的能力，之后脑容量才开始逐渐变大，而后产生语言和文化。推翻之前错误假设的正是这具 320 万年前生活在埃塞俄比亚、身高 110 厘米的 12 岁女孩——"露西"。

分析"露西"的骨骼可以得出上述结论。"露西"的股骨与现代人的股骨没有明显差异。盆骨、股骨以及腓骨与现代人正常行走的关联最大。现在想象一下使用四肢支撑地面行走的黑猩猩或长颈鹿。黑猩猩的股骨和腓骨与人类虽然相似，但仔细观察就会发现，二者依然有很多不同之处，其中具有代表意义的特征是股骨与腓骨在膝盖相接的角度。如果将黑猩猩的腿骨竖直放置，会发现其股骨与腓骨呈一字形连接。而人类则不同，人类的股骨从臀部向下，会向身体的内侧倾斜，与腓骨相接，并不是一字形。这个角度对于直立行走至关重要。

仔细观察小孩子 1 岁开始学习走路时的样子可以发现，他们不能像成人一样稳稳地行走，而是像企鹅一样歪歪扭扭的。妈妈们怕孩子摔倒，总要一直跟在后面。再过一段时间，孩子熟练之后才能正常走路。小孩子走路不稳的原因就是，此时他们的股骨还不像成人一样倾斜，而是像黑猩猩一样，呈一字形与腓骨相连。在这种状态下，一只脚离开地面时，如果全身的力量不能全部转移到未抬起的另一条腿上，就会失去重心而摔倒。因此，每当一只脚离开地面时，为了保持身体平衡，孩子全身就会左右晃动。长大后，孩子的股骨会逐渐向身体内侧倾斜，从臀部到膝盖呈斜线向下。形成这个角度之后，孩子就能像成人一样优雅地走路了。

这个角度并不是人类天生的。例如小儿麻痹症患者，他们不能正常行走，因为完成发育之后，股骨仍然是一字形。因此，"露西"股骨的角度完全能够证明她是使用双腿行走的。从"露西"的盆骨中，也能

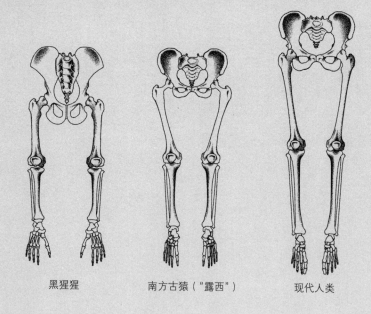

黑猩猩　　　　　南方古猿（"露西"）　　　　现代人类

**黑猩猩、南方古猿（"露西"）、现代人类的股骨**　四足行走的黑猩猩的股骨与腓骨呈一字形连接，盆骨比人类长很多。而直立行走的南方古猿以及现代人类的股骨会向身体内侧略微倾斜，从臀部向膝盖斜线向下。"露西"的股骨角度以及盆骨形状是证明其直立行走的决定性证据

找到她直立行走的痕迹。黑猩猩的盆骨比人类的更长，因为使用四足支撑地面行走，全身会向前方倾斜，所以盆骨也会相应较长。与之相比，直立行走的人类盆骨就短很多，而"露西"的盆骨与我们的很相似。

我从书店偶然买到的这本书，不仅讲述了人类的进化史和"露西"，而且还风趣地介绍了一些人类学界的故事。因为发现了"露西"，约翰森在 31 岁时成为世界级名人。他拥有深褐色的头发和眼睛，外表帅气，是一位既有野心又有智慧的学者。然而，正因为约翰森年纪轻轻就当上了教授，又有了这项重大发现，结果反而在学术界遭到了排挤。非洲人类学考古界简直堪比政界。关于谁去哪个地区、和谁一起研究等问题，学者们经常会争论到面红耳赤，因为只要在考古地发现一些有价值的东西，就会马上变身知名人物。约翰森发现"露西"之后，没能做出相关的研究成果，背后受到各种议论。而最有名的是他与理查德·利基之间的矛盾。理查德的父母是人类学界的明星夫妇路易斯·利基和玛丽·利基，他本人与约翰森年龄相仿，都想寻找最早的人类化石。二人之间几乎不可能和谐相处。

约翰森和理查德·利基都盛气凌人地试图说服对方，甚至互相攻击。二人之间的矛盾和反目是人类学界众所周知的事实。他们曾在几年前的纽约人类进化研讨会上见面，隔着讲台中间的主持人，30 年的对手相向而坐。不觉间，两人都已经成了白发苍苍的老爷爷。人们都很好奇，他们这次又会展开一场怎样的争论。脸上缠着绷带的理查德·利基首先开口：

"各位，我脸上的绷带是为了进行皮肤癌治疗，由医生缠的。我要强调，这绝不是我的同事造成的。"

听众哄堂大笑，坐在旁边的约翰森也一起笑了。

虽然约翰森和利基现在的关系仍然不算亲近，但随着岁月的流逝，他们已经能坐在一起探讨人类进化，并互开玩笑了。度过了由"露西"引起是是非非的年代，约翰森依然能够凭借惊人的口才，在各地展开人类学讲座，传播人类学研究的重要性，并募集研究资金。但他"永远的敌人"理查德·利基可能厌倦了人类学界的各种争论，后来转战动物保护方向，曾在非洲开展禁止私猎的行动，一段时间后才重新回到学术界。

## 遇见数百万年前的骨骼化石

读了《"露西"：最早的人类》之后，我无法抑制自己的满腔热血。在大学三年级的一个晚上，我突然对遍布长颈鹿、狮子和原始人类化石的东非充满憧憬。我大一和大二期间去过洪都拉斯、南非的考古学和人类学田间学校，因此，这次我直接在网上搜索东非的田间学校。我找到了位于奥杜威峡谷的一所田间学校，研究人类进化的传说中的古人类学家路易斯·利基和玛丽·利基在此进行过挖掘。以前只是听说过奥杜威峡谷，现在竟然有机会亲自过去，想到这里，我开始兴奋起来。我走进卧室，叫醒正在睡觉的父母，向他们详细解释了我要去东非的原因。现在想起当时的父母大半夜被叫醒，听到女儿突然念叨说要去东非，一定觉得很荒唐吧。但他们知道我的倔脾气，说出来的话就一定会去做。所以，他们让我仔细了解情况，然后就又睡了。爸爸妈妈万岁！

2002 年夏天，韩日"世界杯"的热度还未褪尽，我已准备动身去往梦想中的东非。在机场，我买了一件粉红色的"世界杯"T 恤衫放进了背包。在阿姆斯特丹转机之后，我最终到达了坦桑尼亚达累斯萨拉姆机场。在机场与其他同行的人会面后，我们第二天一同坐车前往奥杜威峡谷。10 名队员中，只有我是韩国人，其他人都来自美国。汽车在坦桑尼亚的乡间小路上行驶了几小时，我直到那时都还在怀疑自己是不是在做梦。

远方，奥杜威峡谷已经映入眼帘。利基夫妇为了寻找人类祖先的化石，在这里度过了 30 年。我内心突然涌起一阵感动。我们驻扎营地的地方正是当时利基夫妇的营地。这里不通电，水要靠卡车每周运来。此地视野开阔，远处的地平线清晰可见。在无穷无尽的原野上，只能间或看到长满尖刺的刺槐树，举目一片荒凉。我们各自找好位置，支起了帐篷，在小小的帐篷里拿出背包中装满的书和衣服并整理好。营地对面有一间简易厕所，需要自己舀水冲。这里滴水如金，只有早晨起床时才能用脸盆接一点水，只够 10 个人胡乱洗漱。吃过早饭动身去挖掘现场之前，我们会在地上放一个米袋大小的被称为"洗漱包"的黑色塑料袋，里面装着水。

我们坐着白色路虎汽车，行驶在凹凸不平的泥土路上，前往挖掘现场。在那里，我们也顾不上火辣辣的太阳，都认真地看着地面或者到处挖土。我们挖掘的地层距今 100 万年，最开始找到一块动物化石都很激动，会感叹"这可是 100 万年前生活在此的瞪羚骨骼化石啊"。但之后这种化石太多了，慢慢也就麻木了，再发现就只说一句"又找到一块瞪羚化石"。我们最希望找到的人类骨骼却一块都没有看到。

在挖掘现场寻找人类的骨骼化石不是一件简单的事情。位于食物链顶端的人类数量比食草动物少。人类死亡后，骨骼被埋葬在可以完好保留的环境下，经过数百万年的时间不腐烂、不被冲走或吹走，之后被到此地探险的人类学家发现，这太需要运气了。甚至有人一生致力于寻找人类骨骼化石，最终也没有发现一块。以东非大峡谷地带为中心的地区，自从有人偶然发现数百万年前人类的骨骼化石以来，从 20 世纪 60 年代开始，学者们就纷纷到此探索。在这种地方，像我这种初级人类学志愿者能够发现人类化石的可能性几乎为零。

挖掘过程中，我们突然听到一阵山羊"咩咩"的叫声，赶着羊群路过此处的马赛人对我们笑着招手。他们肤色黝黑，穿着红色布衣，手执长枪走过，样子很帅。在烈日下工作一整天后，虽然身体很累，但心里一直是甜的。与我们一起工作的马赛人大妈和大叔们给我起了一个外号 Mtoto，在斯瓦西里语中是"孩子"的意思，因为我是组里年龄最小的组员。

结束了一天的挖掘，回到营地时，几名马赛人大叔边叫我的外号边向我招手，不知有什么事情。我跑过去一看，大叔们正在火上加热一个盛有红色不明液体的碗。看我过去，一位大叔突然把碗递给我。他的手势好像是让我喝下去，上了年纪的马赛人老爷爷也笑着做手势，让我喝了。他们每天给营地提供美味的面包和晚餐，想来这个东西应该也很好喝吧。大家都在看拿着碗犹豫的我，哎，不管了，喝吧。我咕咚咕咚喝了下去。

刚开始没有什么味道，喝了 3 口后，猛然涌上来一种血腥味。我又不能喝一半吐掉。大叔们不断鼓掌叫好，我努力喝时，用余光看到旁边有人拿着像盐或者糖的东西，让我拌着喝。如果停下来撒这个东西，我可能就直接吐出来了，所以摇头拒绝，一口气都喝了下去。大叔们问我还要不要喝，我笑着说已经喝够了，道谢后就匆忙回了帐篷，马上从背包里翻出糖和饼干塞到嘴里。可能是我的胃比较健康或者脾胃还好，所幸没有什么不适。

之后我才知道，那是用村庄里很珍贵的牛血和牛奶混合而成的饮品。虽然这里山羊很常见，但抓一头牛很难得，所以他们杀牛时会把血留下，混着牛奶一起喝。这是只献给贵客的饮品。村子里的大叔们看见我穿着粉红色的"世界杯"T恤衫走过，就会做出踢足球的姿势，并对我竖起大拇指。看来即使在这种偏僻的地区，"世界杯"仍然受到大家的欢迎。这些从来没有见过韩国人的马赛人大叔们，看来是希望通过这种尊贵的饮料招待远道而来的我。真是热情好客啊！大叔们黝黑的脸庞上露出白色的牙齿，向我说"Mtoto！早上好！"时的笑容和那血腥的味道，至今还令我记忆犹新。

太阳下山时，结束一天的挖掘回到营地，首先要决定的事情就是谁第一个洗澡。荒凉的奥杜威峡谷当然没有沐浴设施。在马赛人的帮助下，我们在营地角落用木桩和布搭了一个简易的淋浴房。这个"房间"只有一面用布遮了起来，因为只需要挡住营地这一侧；另一面是敞开的，能够看到平坦开阔的塞伦盖提草原。如果洗澡时碰巧赶上太阳下山，从营地对面落下去的时候，逆光会将身体线条清晰地投在布上。大家都希望躲开这个时间，但总会有一个"倒霉蛋"轮到那个时候洗澡。

此时，早上走之前放在地上的水袋发挥了作用。将它挂在淋浴间的绳子上，使用滑轮将水袋拉到上面，这就是一个淋浴器了。装在黑色塑料袋里的水经过一个白天的日晒，此时已经温热。此处水很珍贵，需要两个人用一袋水洗干净满是汗和泥土的身子。起初我们还怀疑能不能做到，但尝试之后发现，使用 1/4 的水就足以洗干净全身。

洗澡时，我经常看到远处蹦蹦跳跳的长颈鹿。一边看着奔跑在蓝色天空下的长颈鹿一边洗澡的记忆，我至今不能忘怀。为时一个月的田间学校东非考古体验对我来说，是一次极为愉悦的经历。我曾经梦想成为一名古人类学家，但如今接触的不是数百万年前的骨骼，而是数十年前的遗骨，做着阵亡人员身份鉴定的工作。虽然我现在的工作与大学时令我心动的人类化石考古没有直接联系，但我很感激"露西"，是她带我走进骨骼的奇妙世界。

## 唐纳德·约翰森：
## 被"露西"改变命运的人类学家

唐纳德·约翰森（1943—　）
照片出处：ⓒ①① Don Johanson 提供

"'露西'发现者"这个定语跟随了唐纳德·约翰森 40 多年，他 1943 年出生于美国芝加哥，是瑞典移民的儿子。约翰森 2 岁时父亲去世，他与母亲生活，在康涅狄格州长大。他通过身为人类学讲师的邻居第一次接触到人类学。在伊利诺伊大学厄巴纳-香槟分校入学时，约翰森的专业是化学，但之后转入人类学专业，并于 1966 年获得学士学位。

之后，约翰森师从当时芝加哥大学有名的人类学教授克拉克·豪厄尔（1925—2007），攻读研究生课程。1970年开始，他前往东非寻找人类化石，并于1974年发现"露西"。此时他才31岁，刚刚获得博士学位就取得了如此了不起的发现。同年，约翰森在克利夫兰自然历史博物馆任管理员，开始正式研究分析"露西"。1978年，他与同事蒂姆·怀特（1950—　）一起，为"露西"起了学名——"南方古猿阿法种"。

1981年，约翰森在伯克利大学创立了美国人类起源研究所，继续在东非开展考古工作。研究所1997年搬至亚利桑那州立大学，集结了众多人类学、考古学、地质学、古生物学教授，成为研究人类起源的大型交叉科研机构。约翰森多年担任研究所所长，2009年退居二线，担任理事，进行对外宣传以及募集研究资金。2014年，研究所收到来自坦普尔顿基金会的500万美元研究经费，由此迎来新的飞跃。

# 在后院发现的男子，在丛林中发现的女子

几年前的一个下午，我正在研究所分析美国阵亡士兵的遗骨。火奴鲁鲁警察厅打来电话，说有人为了扩大自己的后院，在挖地时发现了一具用混凝土封住的棺材，感觉里面应该有尸体，要求我们协助。研究所准备派几名训练有素的考古学家和人类学家到达现场，于是我们匆忙带着挖掘工具赶了过去。如果被埋在后院的人身份不明，那么这里可能就是谋杀案现场。

在犯罪现场收拣遗骨时，要比一般的考古学挖掘更加小心。因为即使案件已经有了明确的证据，但在现场发现的证据如果没有做记录而被泄露出去，会对整个案件带来很大影响。如果发生这种情况，即使证据确凿，辩方也可能提出流程上存在问题，证据失效，最终使得犯人被判无罪释放。可能一般人对这种情况不能理解，但这涉及司法程序，所以我们去犯罪现场的时候都会格外小心。研究所的职员都接受过法律流程相关的培训，所以火奴鲁鲁警察厅经常会要求我们提供协助。

不知不觉太阳已经西沉，天黑了下来，我们打开灯继续挖掘。掀开混凝土盖子后，发现里面确实有一具保存状态近乎完好的人类遗骨。我们仔细分析，对各部位一一拍照并留下记录。确认现场没有遗留任何骨

骼之后，我们将遗骨搬回研究所。研究员为这具遗骨标上唯一序列号之后，开始正式对其进行鉴定。虽然尸体已经变成白骨，但衣服还完好无损。这个人穿着"李维斯"牌牛仔裤，系着腰带，穿着条纹袜子。特别之处在于，宽松的牛仔裤腰带的一头垂到了膝盖。我们的上司路过看到了遗骨，说这是他高中时，即 20 世纪 80 年代流行的款式。这个信息虽然与骨骼分析没有关系，但对判断死亡时间非常重要。

如果气温较高，骨骼腐烂速度通常会比较快。而在夏威夷炎热的气候下，这具遗骨的保存状态依然很好。我们小心翼翼地脱下尸体上的衣服，开始通过骨骼分析判断此人的人种、性别、死亡年龄、身高等。分析结果确定，这是一位具有平均身高、50 多岁的白人男子，头部受到 3 处枪伤。该男子口中足有 5 个闪光的金色牙冠，据此不仅能够推测出他生前多次接受牙科治疗，还能知道他的生活应该是很不错的。

我们将最终的鉴定报告以及遗骨和遗物递交给火奴鲁鲁警察厅，警察根据这些信息搜索了失踪人员名单，并查询了牙医治疗记录，但很遗憾，没有找到对应的失踪者。如果一个人无故失踪，亲友向警察厅报案后，这个人就会被记录在失踪人员名单上。如果发现身份不详的尸体，警察就会从这个名单上寻找线索。然而，他们翻遍失踪人员名单也找不到与这具遗骨相似的记录。这个男子到底是谁？为什么没有人向警察厅报告他失踪呢？整个案件疑点重重。遗憾的是，这名穿着牛仔裤、头部带着 3 处枪伤离世的男子，至今依然身份不详。

接下来这件事是我来研究所不久之后发生的。有一天，木讷而有些严厉的上司走进我的办公室问："陈博士，你有没有处理过人的尸体？要求最后只留下净骨。"对于这个突然的问题，我有些恍神。我处理过鹿和牛的尸体，但对人的尸体没有任何处理经验。

"是吗？人和鹿差不多大，你处理过鹿，那就和处理过人一样。冷藏室有具尸体，你先拍 X 射线，确定有没有枪伤，然后处理干净吧。这是火奴鲁鲁警察厅的案件，请特别注意。"

我进入冷藏室，带轮子的桌子上放着一个大的蓝色塑料袋。"是这个啊。"我把整张桌子推进 X 射线室。之前接到的指示是，尸体已经严重腐烂，所以不要拉开拉链，直接拍 X 射线。但因为要知道哪里是头部、哪里是腿部，所以我还是小心地沿着塑料袋摸起来。这与摸鹿尸体时的心情完全不同。我们研究所的 X 射线拍摄设备不大，如果要拍摄全身，需要分几次进行。我先从头部开始拍。当时对于拍摄 X 射线还不算熟练，为了不出错，我操作得很慢。结果在拍腰部的时候，设备中散发出臭味，那是因为塑料袋里的尸体正在慢慢融化。天呐！如果都化了流出液体可怎么办？我很慌张，但为了拍 X 射线，我冷静地移开塑料袋，对里面的人轻声说：

"你好，请千万坚持住，不要再化了。拜托！"

我拍完了 X 射线，并没有发现枪伤。

我再次推着桌子到了剖检室，在这里，我和一些等着我的实习生一起拉开了拉链。令人恶心的死亡的气味瞬间钻进了鼻腔。虽然尸体的状态不是很好，但并不是刚刚开始腐烂。如果刚开始腐烂，由于体内有很多气体，此时的状态反而是最差的。这个过程结束之后，肉体几乎全部腐烂掉，一部分韧带和肌肉会皱皱巴巴地贴在骨骼上。这具尸体就是这种状态。反正通过留在骨骼上的肉块不能得出任何信息，所以将尸体处理干净，只留下骨骼即可。通过骨骼可以推测死者的性别、年龄、人种、身高等信息。

有人会问："摸尸体是不是很恐怖？"其实这件事本身并不可怕，因为在那一瞬间，我脑子里只想着如何将尸体尽可能处理干净。然而，尸体的气味实在让人无法忍受。尽管带着面罩，开着排风扇，但剖检室中处理过太多尸体，气味甚至能够飘到外面的研究室。跟随我们几天的不是尸体留在我们脑海中的样子，而是气味。用手术刀和剪刀将骨骼上的肉块尽可能刮干净，只剩下骨骼，放在热水中煮。这样反复几天后，渐渐就会连油都被煮掉，剩下干干净净的骨骼。我的工作到此结束。

在丛林中远足的人们发现了这位阿姨的尸体，她右侧肋骨和臂骨骨折，有向右跌倒的痕迹。从骨骼状态上看，这位女性已经有很大年纪了。警方给出的解释是，根据发现现场以及尸体状况等信息判断，死者是没有固定住所的流浪者，她进入山中后摔倒死亡。骨骼的分析结果也为这个解释提供了支持。

夏威夷全年气候宜人，吸引了美国的很多流浪者。这些无家可归的人聚集在一起，搭了很多大帐篷。关于应当使用多少纳税人的税来帮助这些人，争论一直没有停歇。虽然也有很多流浪者是自愿来这边露宿的，但问题是，有人会经常买单程机票，将一些在美国本土没有固定住所的精神失常者送到夏威夷。这种人的数量在逐渐增加，夏威夷政府对此也很头疼。

被发现于丛林的这位阿姨不在失踪人员名单中。这位阿姨经历了什么使她最后来到我们研究所，与我一起度过了最后的时间呢？我不禁为那些活得孤独、死得寂寞的人们祈祷。

# 科学调查的"圣城"——"尸体农场"

　　田纳西州位于美国东南部，这里是美国代表性威士忌酒"杰克·丹尼"的原产地，同时也是乡村音乐的诞生地。田纳西州与亚拉巴马州、肯塔基州、密苏里州等 8 个州接壤，东部有一座城市叫作诺克斯维尔，拥有 100 万人口。1794 年建校的田纳西州立大学诺克斯维尔分校就坐落于此。第二次世界大战时，美国政府主持开发原子弹的"曼哈顿计划"中，橡树岭国家实验室就在田纳西州立大学附近。橡树岭国家实验室至今仍是美国政府的重要科研项目中心，配有包括超级计算机在内的世界顶尖科研设施。田纳西大学与这所尖端科研实验室联手，共同完成了很多研究，也成为美国科研中心之一。

　　然而，田纳西大学最出名的不仅是尖端的科研设备。令人意想不到的是，一个名为"法医人类学研究中心"的普通研究所成了这所大学的名片之一。为什么？就是因为这里的一个面积相当于小操场的室外研究设施，通常被称为"尸体农场"。听起来很阴森，这是做什么的呢？

　　20 世纪 70 年代，任职于田纳西大学的人类学教授比尔·巴斯在美国原住民墓地进行考古挖掘，分析研究人类骨骼。教授任职之后，仍致力于研究本专业——美国原住民相关的考古研究，然而警察厅不时发来的调查咨询请求改变了他的研究方向。

田纳西州的树林中偶尔会发现半腐烂的尸体或遗骨，每到这时，警察厅就很头疼。因为已经没有指纹，也看不到长相，做尸检也得不到任何信息，但又不能置之不理。此时有人提出，田纳西大学的人类学教授巴斯是研究骨骼的专家。警察们想，交给骨骼专家可能能够得到一些有效信息，于是开始向巴斯教授咨询。

巴斯教授是研究数百年之前美国原住民骨骼的专家，虽然对于近期死亡的人类骨骼没有研究经验，但毕竟都是人类的骨骼，所以应该可以尽可能地提供详尽的信息。他不仅分析警察带来的遗骨，还亲自指挥尸体的收拣。巴斯教授递交给警察的骨骼分析报告中包括死者性别、死亡年龄、身高、死因、病历等信息，警察对于巴斯教授的学识以及提供的信息极为感谢。

这些信息对于判定死者身份以及案件侦破是很重要的，但警察最希望得到的信息是死者的死亡时间。然而，巴斯无法回答警察咨询的"死亡时长"，因为他之前的研究对象是从数百、数千年前的考古学遗迹中出土的骨骼，对于这种近期死亡的尸体，他没有研究过如何判断具体的死亡时间。巴斯教授开始翻阅各种学术论文，希望从中能够找到其他人对此类问题的研究结果，但并没有找到关于尸体放置时间、腐烂速度以及尸体状态的详细信息。如此看来，发现这种尸体后，调查进展缓慢，最后成为悬案的事例应该很多。

巴斯对此感到很遗憾。这位年轻且富有雄心的教授决定亲自研究，看看人死亡后会经历怎样的腐烂过程。他找遍了学校里的相关负责人，讲述尸体研究设施的重要性。解释这个听起来就令人打颤的研究设施的重要性并不容易，但在巴斯的口才和坚持下，校方最终同意将校园前田纳西河对岸的大学医院停车场角落的一块小棒球场提供给巴斯,用于研究获赠尸体或无人认领的尸体。

这个新设立的研究设施里开始抬进尸体。因为之前从没有人对此做过研究,巴斯苦恼该从何处开始。他和学生们首先把尸体放置起来,观察其腐烂过程。尸体数量逐渐增加,学生也逐渐增多,他们可以同时通过多种方法进行研究。师生们将尸体暴露在不同的环境下,之后仔细观察并记录腐烂过程。他们会在地上挖浅浅的坑,把尸体埋进去,也会直接让尸体趴在地面上,或者分别放在阴影下和日光下。经过研究,他们知道了在树上吊死的人经过一段时间只剩下骨骼后,会如何掉落到地上,也得知被火烧的尸体随着时间的变化会发生怎样的变形。听起来虽然很恐怖,但这正是使那些人沉冤昭雪的重要研究。

# "法医昆虫学"孕育了《犯罪现场调查》系列剧

在关于尸体腐烂过程的研究中,不能落下的还有关于尸体招来的苍蝇等各种昆虫的研究。为什么研究尸体腐烂时,还要对苍蝇、蛆、甲虫、蜂等昆虫做研究呢?因为不管是人类还是动物,死亡后的气味最先引来的就是苍蝇。在众多种类的苍蝇中,丝光绿蝇对死亡味道最敏感,它甚至能闻到 15 千米以外的味道。

在炎热潮湿的天气下,苍蝇能够更快感知尸体的味道并飞向尸体。夏威夷年平均气温在 25~30 摄氏度,人断气之后的 5 分钟之内,苍蝇就能飞过来。苍蝇这么微小的昆虫竟然有这种能力,真令人惊讶。苍蝇跟随尸体的味道飞来的目的是在此产卵。人类尸体中,凸出的眼睛、鼻孔、耳廓、嘴这些部位，是苍蝇最先产卵的位置。如果苍蝇在大腿这种外表没有孔洞的地方产卵较多，十有八九是因为有由于负伤而流血的部位。

苍蝇从卵中孵出，经过幼虫和蛹，直到长成成虫需要一定的时间，人们就利用这个原理判断死亡时间。在湿热的环境下，丝光绿蝇需要10天的时间，经过幼虫的3个不同阶段，变成蛹，最终长成成虫飞走。我们挥动一下苍蝇拍就能拍死的苍蝇，是经过这么多阶段才长成成虫的。

学者们计算了每个幼虫的成长阶段以及化蛹阶段所需的时间。如果山中发现的尸体是第三阶段，即丝光绿蝇幼虫成群拥挤的状态，就说明死亡时间大概是1周之前。但问题在于，气温和湿度极大地影响着尸体的腐烂速度。一具放置在夏季的尸体会比冬季的尸体腐烂速度快很多，所以即使两具尸体上都发现了化蛹阶段的丝光绿蝇，实际的死亡时间可能也会差别很大。为了解决这个问题，学者们苦恼了很久。最终，他们给出一个数学公式，综合考虑了当地的平均气温和降水量，以及苍蝇蜕变所需的时间。

这种利用昆虫破案的学术领域叫作"法医昆虫学"。虽然在韩国还是起步阶段，但在美国，发现尸体时，法医昆虫学已经成为一项很重要的调查手段。我第一次听的法医昆虫学讲座是夏威夷查米纳德大学李·戈夫（1944—　）教授的课。很多人不知道，这位将白发整齐地梳向脑后、戴着下垂的耳坠、穿皮夹克开"哈雷"摩托的时髦爷爷，就是流行全球的系列剧《犯罪现场调查》中的主角原型。

一位电视剧编剧听了戈夫教授的讲座后，深受吸引，向教授咨询之后创作了《犯罪现场调查》系列剧的剧本。虽然现在已经有"纽约""迈阿密"等多个系列，但最经典的"拉斯维加斯"系列的主人公吉尔伯特·葛瑞森夜班主管就是以戈夫教授为原型刻画的。电视剧成名之后，制作团队为了纪念，在戈夫教授的研究室进行了拍摄，还邀请他出镜。戈夫教授本人极具领袖气质，充满个人魅力，听了他的课之后，我甚至后悔自己不是法医昆虫学家。

为了利用昆虫推测死亡时间，还需要训练有素的人员亲自去尸体发现地点。因为如果对苍蝇卵或幼虫的孵化过程不够了解，就不知道在现场采集什么作为物证。在尸体上发现苍蝇卵、幼虫或蛹时，需要将其取下放入容器中，为防止幼虫继续孵化，还要用酒精浸泡。如果在现场没有做正确的处理，那么运往实验室的过程中，孵化速度本就很快的苍蝇幼虫可能会变成蛹。一些死亡时间比较久的尸体上不会发现苍蝇幼虫或蛹，但蛹发育成成虫飞走之后，会留下干的蛹壳。虽然这些蛹壳没有活着的幼虫或蛹有意义，但可以据此推断死者至少已经死亡多长时间。

在法医昆虫学中，重要的昆虫不只有苍蝇。"萝卜青菜，各有所爱"，每种昆虫喜爱的尸体状态不尽相同。有一些昆虫像苍蝇一样，喜爱刚刚死亡的尸体，也有一些包括甲虫在内的昆虫喜欢死亡了一段时间、已经开始干燥变硬的尸体。因此，根据尸体上有哪种昆虫，也能大致推测死亡时长。生态系统的食物链非常冷静理智。昆虫不只会为了吃尸体或在尸体上产卵而扑上去，也有马蜂等一些相对大型的昆虫看见成群的苍蝇飞过时，为了捕食苍蝇而飞向尸体。

因此，在犯罪现场仔细观察有哪些昆虫并认真采集的工作极为重要。而且，还要准确了解发现的是哪种昆虫的哪个发育阶段。问题在于，不同地区的环境不同，昆虫的种类也各不相同，所以在美国进行的研究并不适用于韩国。据悉，韩国目前还没有将昆虫作为尸体分析的证据，这着实令人遗憾。苍蝇是能够为那些冤死的人昭雪的一把钥匙。

韩国人的社会观念很难接受对尸体进行研究，这更加显示了加强相关内容体系建设的必要性，比如哪种昆虫会在哪个时间点飞向尸体、昆虫的准确蜕变时间等。令人欣慰的是，以韩国警察厅科学调查队为中心，相关研究已经起步。

## "尸体农场"：不要妄想"完美犯罪"！

据说，"尸体农场"通常会有 150 多具尸体。这些已故的人都在生前表示愿意参加遗体捐献。医科大学用于研究的尸体在结束研究之后，一般会被火葬并返还家属。然而，"尸体农场"接受捐赠的尸体是不会回到家人身边的。研究结束后，骨骼上剩下的肌肉等软组织会被清理干净，然后送往田纳西大学人类学教授巴斯的收藏室中保管。由于这些骨骼的死亡年龄、性别、人种、身高、病历等信息都是已知的，所以很适合做多种相关的研究。目前，这里已经收藏了超过 1000 人的遗骨。

研究所的学者们利用这些遗骨信息制作了名为 Fordisc 的计算机程序，程序中录入了包括巴斯收藏室中遗骨在内的数千副遗骨的测量值，都是通过已知性别、人种、身高的死者骨骼测算的数据。发现身份不详的尸体后，可以测算其骨骼的长度、厚度等信息，然后录入 Fordisc。系统会根据已录入的数千名死者信息，推断该人的人种、性别、身高等。当然，这个数据库程序主要用于推测白种人和黑种人的信息，很难在黄种人国家推广。但 Fordisc 系统在持续更新，希望亚洲国家也能通过持续的骨骼测算研究积累资料。

20 世纪 80 年代，"尸体农场"从一具尸体和一个小小的室外空间起

步，成长为今天世界最大的法医人类学研究中心。此处完成的多项研究
使"完美犯罪"越来越难。"尸体农场"每年新增 80~100 具尸体，只要
具有明确的研究主题，任何人都可以随时参观田纳西大学法医人类学研
究所并进行科学研究。与之形成鲜明对比的是，韩国的一些思想闭塞的
教授把骨骼当作私有财产，绝不对外公开；韩国政府每次出现重大事故
时都强调科学办案的重要性，却不提供基础科研所需的资源。

　　田纳西大学人类学系积极奖励基础科研，最大限度地将收藏的骨骼
资料对研究学者开放，在国际上获得了很高的声誉。这里培养的学者们
遍布全球各地，努力推进搜查侦破工作，为抓捕想要逃脱法律制裁的犯
罪嫌疑人做出了自己的贡献。真正的力量不就在于此吗？此前，田纳西
大学人类学系诞生了首位韩国籍博士。他不只专注于自己的科研主题，
还深入了解、学习了田纳西大学的研究设施及运营情况。希望他能够为
该领域贡献一份力量。

# 世界最大的人类骨骼收藏中心

在美国，类似田纳西大学巴斯收藏室这种以研究为目的保存人类骨骼的地方还有很多，其中最受关注的是位于美国首都华盛顿特区的史密森自然历史博物馆。这家博物馆每年访客人数全球排名第二，仅次于卢浮宫。这家博物馆全年只有圣诞节当天闭馆，其他时间对公众免费开放。史密森自然历史博物馆有 1000 多名管理员，负责管理超过 1.26 亿件动物、植物、化石、矿物、遗物等展品。它与史密森航空航天博物馆、史密森美国历史博物馆等 19 个博物馆共同组成史密森学会，拥有全世界都难以匹敌的规模庞大的研究设施和极高的研究水平。

有趣的是，为史密森自然历史博物馆研究设施提供巨额资金支持的是英国人詹姆斯·史密森（1765—1829），他本人却从没有踏上过美国的土地。史密森是一位英国富豪的私生子，他一生中去过很多国家旅行，却没有去过美国。那么，他为何会在美国的土地上投资 50 万美元，并称之为"为知识进步和传播而进行的投资"呢？ 19 世纪初，50 万美元相当于美国政府全部预算的 1%，可以说是天文数字。他在自己的遗书中这样写道：

"我死后，将全部财产留给我的侄子。如果我的侄子离世时没有子嗣，请将所有财产移交给美利坚合众国，在华盛顿设立史密森学会，推动人类知识的发展和传播。"

写完这封遗书 3 年后，1829 年，史密森去世。依据遗书，他 21 岁的侄子继承全部财产。

然而，他的侄子在此之后 6 年，于 27 岁时去世，没有留下后代。因此，这笔钱移交给美国政府。他究竟为什么要把钱留给美国政府呢？这看起来太荒唐了。除了关于发展和传播人类知识的用途之外，史密森的遗书中没有提及其他原因。因此，关于他的捐献动机至今仍存在多种猜测，有人认为他是父亲的私生子，所以以这种荒唐的方式来表达对父亲的反抗，也有人说是因为他很欣赏美国的民主主义。

不管真相究竟如何，得益于他的捐献，史密森自然历史博物馆及相关科研设施于 1946 年在华盛顿筹备完成，成为美国政府下属机构。为表示对捐献巨额资金的已故史密森的敬意，美国对他在意大利的墓地尤为保护。然而，1901 年，意大利政府发出公告，墓地附近将开发矿山，需将墓地移至别处。据此，美国政府决定将詹姆斯·史密森的遗骨移至美国。在风雪交加的 1903 年 12 月 31 日，经过 14 天的航行，史密森的遗骨第一次踏上了美国的土地。他的遗骨在美国海军的护送下，移至史密森大厦，最终被安葬在史密森城堡。史密森向美国政府捐献财产的时候，会想到之后自己被如此隆重地安葬吗？

史密森学会的众多博物馆中，最知名的自然历史博物馆单独开设了人类学科室，其下又分为考古学、民族学、生物人类学 3 个部门，骨骼保存在生物人类学部门中。数量有多少呢？不要太吃惊，足足有 33 000 具人类遗骨。这是过去 100 年间，坚信"人类骨骼研究对'人类知识进步和传播'具有重要作用"的众多先驱者努力的结果。其中起着决定性作用的就是，被称为"生物人类学之父"的阿列士·赫德利奇卡（1869—1943）。

## 他们为什么收藏人类骨骼？

赫德利奇卡13岁跟随父母从捷克移民美国，1881年从纽约的医科大学毕业。然而，相比于医学，他对生物人类学更感兴趣。当时，文化人类学家通过积极的科研活动告诉世人，每个社会都存在着多种文化。然而直到20世纪初，人们对于不同地区人类的生物学差异还了解甚少。赫德利奇卡访问法国巴黎时，被当地根据测量头盖骨大小分析不同人种身体差异的研究所吸引。回到美国后，他出任史密森自然历史博物馆的第一位生物人类学管理员，正式开始收藏人类骨骼。

赫德利奇卡很好奇，最早踏上美洲大陆的人是谁。他认为，与美洲原住民的骨骼形状及大小越相近的部落，与原住民的祖先有关联的概率越大。带着这个假设，他开始在世界各地收集分析人类骨骼。幸运的是，他获得了很多头盖骨，但其实，这也是一种遗憾。要想全面研究人类的骨骼，不只要有头盖骨，也需要有全身的骨骼。然而，在20世纪初期，学者们关注的重点仍然集中在头盖骨上。因此，即使挖掘时发现了全身遗骨，通常也只会单独挑出头盖骨收藏。所幸到20世纪后半叶，人们也开始收藏其他部位的骨骼了，即使是状态不太好的骨骼也会一同收藏起来。

除了赫德利奇卡，另一位知名的骨骼收藏专家是史密森自然历史博物馆的罗伯特·特里（1871—1966）。他是密苏里州圣路易市华盛顿大学解剖学教授，共收藏了 1728 人的遗骨。这些遗骨都是解剖学课程结束之后剩下的骨骼，所以具有死亡年龄、性别、人种、死因等信息。特里教授为什么这样认真地收藏骨骼呢？

华盛顿大学的特里、史密森自然历史博物馆的赫德利奇卡、克利夫兰自然历史博物馆哈曼 – 托德收藏室的先驱托德（详见后文）三人之间有一个共同点：他们的导师都是乔治·萨姆纳·亨廷顿教授（1861—1927）。纽约知名解剖学家亨廷顿教授积极主张，结束解剖课实操后，一定要回收骨骼。他相信，人类骨骼的研究能够提供人体的更多信息，是非常重要的研究资料。在他的影响下，特里在密苏里州、托德在俄亥俄州、赫德利奇卡在全世界认真收藏骨骼。亨廷顿教授去世后，赫德利奇卡将其生前收藏的 3800 具人体骨骼移至史密森自然历史博物馆。

特里从华盛顿大学退休之后，继承他事业的是米尔德里德·特罗特（1899—1991）。我们研究所历任所长的照片都贴在墙上，其中唯一一位女性就是特罗特教授。她曾经为确认死于二战和朝鲜战争的美国士兵身份，在我们研究所前身——美军阵亡士兵身份鉴定所认真工作。出生于宾夕法尼亚州乡村的特罗特教授师从特里教授，并获得博士学位。之后特里升为副教授，她成为助教。任职 4 年后，特罗特升为副教授。尽管她曾做出无数学术成就，认真教导学生，但在之后的 16 年中，她甚至没有得到升为教授的机会。

这可能由于是在当时较为保守的美国，尤其是密苏里州，人种歧视和性别歧视十分严重。特罗特曾强烈抗议，最后学校方面终于在 1958 年将她升为教授。特罗特也是密苏里华盛顿大学的第一位女教授。她与特里教授志趣相投，继续收藏人体骨骼。特罗特提出，特里收藏的骨骼中，女性骨骼相对较少，所以她更加致力于这部分收藏。因为如果能够通过骨骼加深对人类的认识，那当然不应该区分男女。1991 年离世的特罗特将自己的遗体捐献给华盛顿大学解剖学系。为了能够提供给更多学者进行研究，她收藏的 1728 具人体骨骼在 1967 年被移至史密森自然历史博物馆。

每年有 200 多位学者为了研究骨骼而造访史密森自然历史博物馆。只要在官网上填写简单的研究申请表，任何人都可以对骨骼进行测量、分析、拍照。不仅如此，只要研究主题明确，还可以切去一部分骨骼进行 DNA 研究或同位素分析，只需在论文中标明"研究资料由史密森博物馆提供"即可。办理简单的手续后，也可以将在史密森自然历史博物馆拍摄的照片用于非盈利出版物。

## 骨骼收藏推动医学和解剖学发展

继史密森自然历史博物馆之后，另一处有名的人类骨骼收藏地是位于美国中部俄亥俄州的克利夫兰自然历史博物馆。哈曼 - 托德收藏室共收藏了 3000 具人体骨骼，已有大量人类学家探访此地。收藏这数千具人骨的是 1912 年就职于此的托马斯·托德（1885—1938）和全力支持他的卡尔·哈曼（1827—1892）。

托马斯·托德出生于英国，专业是解剖学，喜欢尝试各种全新的教学方法。美国俄亥俄州凯斯西储大学医学系的教授们看重他的这种才能，邀请托德来美国教学。因此，1912 年，托德博士横跨大西洋来到美国俄亥俄州。同年，卡尔·哈曼就任医学院院长。哈曼主张为穷人提供免费治疗。他还认为，在完整的教学中，基础解剖学的教育尤为重要。哈曼指出，为了加深对人类骨骼的认知，同时学习与人类相似而又有所区别的黑猩猩骨骼、大猩猩骨骼以及其他猿猴骨骼的话，效率会更高。为此，他在学院内设立了哈曼比较人类学及解剖学博物馆，开始收藏骨骼。

从英国远道而来的托德教授以饱满的热情开始向学生教授解剖学，他任职时刚巧赶上美国在修改法律，同意学校保管解剖课上实操使用的无人认领尸体或家属不愿认领的尸体。与哈曼想法相同，托德认为人体骨骼会成为之后学者研究的重要资料，所以一直到去世，他都将解剖课上使用过的尸体处理干净后收藏起来。这样收藏的骨骼超过 3000 具。

这些骨骼更为珍贵之处在于，每一具骨骼的详细记录都保留至今。因此，通过这些骨骼可以进行各种主题研究，比如骨骼的性别差异、人种差异、年龄导致的变化等。1920 年，托德任哈曼比较人类学及解剖学博物馆馆长，1924 年在医学院中正式设立解剖学系。他能够如此热情地收集骨骼，得益于医学院院长哈曼教授的全力支持。在这些教授们的努力下，如今的凯斯西储大学医学院成为具有 5000 多名教授和学者的美国名门医学院之一。

骨骼越来越多，医学院开始将这些骨骼移至克利夫兰自然历史博物馆。从 20 世纪 50 年代开始的 10 年里，搬来的骨骼使哈曼 - 托德收藏室名扬天下，它至今仍是全世界人体骨骼收藏数量最多的收藏室之一。走进克利夫兰自然历史博物馆陈列室后面的研究室，就能看到像图书馆一样的房间，这里保管着人体骨骼，层层罗列的每一个抽屉里都是一具遗体。

希望利用这些骨骼进行研究的人，需按照官网上简单的申请表填写研究主题和研究方法，并保证得出研究结果后，会在论文末尾标明"通过哈曼－托德收藏室进行研究"。我的同事们提交的申请中，还没有一例被驳回，可见只要研究主题明确，博物馆资源对任何人都是开放的。这种开放政策使哈曼－托德收藏室成为人类学家心向往之的地方。

得益于这些认真收藏骨骼的学者们的先见之明，以及保管骨骼的博物馆面向后世学者们的开放态度，如今我们通过遗骨就能相对准确地推断死者年龄、性别、身高等信息。如果没有这些前辈学者，我们现在不可能确认那些发现时只剩白骨的死者身份并为其昭雪，也不可能为阵亡在遥远朝鲜半岛的美国士兵确定身份，并将其送回家人的怀抱。

## 尤为珍贵的亚洲人体骨骼

遗憾的是，韩国现在几乎没有任何收藏人体骨骼的尝试和努力。首先，韩国人的意识中，人骨是很恐怖的东西；另外，人们认为进行火葬是对死者的尊重。对于前面提到的史密森的特里收藏以及克利夫兰的哈曼－托德收藏，亚洲人种的骨骼都很少见，数千具骨骼中不知能不能有10具。因此，发现横死的亚洲人时，很难准确判断死者年龄、性别、身高等信息。对于白种人和黑种人，通过已有的数千具骨骼样本，学者们已经对能够推断的身体特征进行了详尽的研究，所以发现身份不详的遗骨时，可以找到准确判断死者身份的线索。

因此，我们只能将亚洲人的骨骼与白种人或黑种人的骨骼样本进行比对，但亚洲人与白种人的身体特征有多大差异，不用说大家也都清楚。然而，由于没有关于韩国人的骨骼收藏，我们只能完全通过欧洲白种人的骨骼标准进行判断，结果当然不够准确。使用不准确的结论为已故的死者昭雪或将其送还给家人，准确度和可能性当然就会随之降低。

据悉，韩国的一些医科大学也在保管骨骼，但他们不仅对其重要性认识不足，更少有对学者开放研究的地点。校方极力认为骨骼归学校所有，所以对于非本校学生的研究请求，大部分都会拒绝。

在这种人体骨骼收藏之门紧紧闭锁的状态下，由于没有相关法律依据，再加上人们对此认知不足，即使是考古学现场出土的骨骼也经常会被直接火化。作为研究骨骼的学者，我对这种现象极为痛心。我认为，应当大力宣传骨骼的重要性，号召从现在起，收藏考古学遗迹中出土的骨骼，这是作为学者应尽的义务。所幸的是，韩国现在已经开始讨论倡导收藏骨骼，设立古人遗骨保管中心，但要走的路还很长。

根据韩国现行法律，如果在城市改造地区发现考古学遗迹，应中断开发，考古研究结束之后才能继续施工。但这样不仅会延长工期，还需承担考古研究的费用，所以建筑公司和改造区居民都很不情愿。

考古学挖掘本身就在这种勉强的状况下进行，再加上以人类遗骨为研究对象，要想被大家接受就更难了。然而，和其他遗物相同，人体的遗骨也是祖先留给我们的珍贵资料。遗物是数百乃至数千年前生活在此地的人们制造的东西，而骨骼其实就是这些人本身。

通过遗物，我们能够了解当时人们的文化及认知；而通过骨骼，我们能够得知他们的饮食结构、营养状态、身高、平均寿命等多种信息。不仅如此，收藏祖先们的骨骼以及现代人的骨骼，就可以得知朝鲜半岛人们的生物学特征通过世代的传递发生了哪些变化。将具有性别、年龄、身高、病历等信息的现代人骨骼收藏起来，数量越多，越有助于了解过去，越能够掌握现代韩国人的特征。希望有一天，韩国能够像美国、中国以及欧洲国家一样，设立人体骨骼收藏室，并对致力于研究韩国人特征的学者开放。

# 最后的问候

## 1. 63 年后的重逢

2013 年 12 月末的一个昏暗的黎明，太阳尚未升起，在美国洛杉矶机场，一位穿着厚外套的 94 岁高龄的黑人老奶奶拄着拐杖，在军人和警察的搀扶下，走向一架刚刚着陆的飞机。舱门打开后，4 名士兵抬着一副盖着星条旗的棺材走出，军乐团庄重的演奏响彻天空。棺材被抬到老奶奶面前停下，她的泪水喷涌而出。老奶奶依偎在时隔 63 年之后回到家乡的丈夫的棺材旁安静抽泣，望着她的人们无不泪流满面。

在开往加利福尼亚的火车上，克拉拉和约瑟夫一见钟情，后来结为夫妻。甜蜜的婚姻生活过了不到两年，朝鲜战争爆发，丈夫不得不奔赴遥远的前线，那时的朝鲜半岛对于美国人来说还很陌生。在离家前一天，约瑟夫叮嘱妻子，如果自己回不来，她要改嫁他人，好好生活。克拉拉让丈夫不要说这种话，无论发生什么事情，她都将是他的妻子。从此，约瑟夫和克拉拉天各一方。

1950 年 11 月末，韩美联军在清川江流域遇袭，数千名美国士兵被俘，并被带至平安北道的一处战俘营。据战后返还的幸存者描述，约瑟夫·甘特中士在战俘营因营养不良去世。克拉拉得知消息后，心都要碎了，但仍然期望有一天丈夫的遗骨能够回来。她每天祈祷上苍将自己带到丈夫身边，为此一直没有改嫁，孤独终老。

某日，一位不愿透露姓名的韩国人向龙山美军基地寄来了一些被猜测是美军遗骨的骨骼。经过鉴定，这块遗骨很有可能属于约瑟夫·甘特中士。因此，我们申请了 DNA 鉴定，以确定遗骨身份。虽然没有像当时麦克阿瑟说的"在 1950 年圣诞节之前结束战争"返回美国，但甘特中士终于在 63 年后——2013 年的圣诞节回到了妻子的身边。虽然见到的是遗骨，但也算与"丈夫"重逢。这位白发苍苍的老奶奶说：

"我们是相濡以沫的夫妻，虽然他未能回来，但我也不可能再嫁给别人。他是最帅的男人，最好的丈夫。我这一生能够成为他的妻子，是最幸福的事。"

这可真是只有在电影中才会出现的浪漫故事啊。

## 2. 寻找更好的生活

一个男人独自在沙漠中行走多日，从家出发时背包里装满了食物和水，现在已经所剩无几。原以为希望之地就在前方，却怎么也看不见。最终，由于严重脱水和中暑，在离开故乡墨西哥 10 天之后，他葬身于荒凉的美国沙漠。几个月后，男子已经变为累累白骨，被正在巡逻的美国边防人员发现。他的身边是一个空空的水桶、一串念珠，还有一张全家福。

对于很多无法就业的中南美洲人来说，美国是充满希望的国度。他们相信，到了美国就什么都可以做了。然而，向着希望国度行走的路程却极为艰险。这些很难通过正规流程入境的人往往选择赌上性命，从广阔的亚利桑那州索诺拉沙漠入境。这样的人越来越多，甚至产生了一批被称为"丛林狼"的偷渡中介者，将这些人带到入境相对简单的地区。

这些人只能勉强糊口，却费尽力气凑上数万美元中介费，踏上了去往希望国度的征程。到达索诺拉沙漠边缘的这些人与所谓的中介者见面，中介告诉他们从这里出发，只需一天一夜就可以走到大城市。留下这样的花言巧语，中介就消失了。偷渡者相信中介的话，开始努力赶路。然而，走了几天几夜，别说大城市，就连小村庄也没见一座。最终，他们由于脱水和饥饿，在炎热的日照下离开人世。每年有超过500人这样丢掉性命。美国和墨西哥的国境线长达3000千米，所以很难找到所有人的尸体。据推测，实际的死亡人数会比500多得多。

被发现后，这些遗骨会被送往法医解剖室或大学的人类学研究室。相关人员在此推断死者的性别、年龄、人种、死亡原因，并进行DNA鉴定。然而，大部分遗骨都不能回到家乡，而是被埋葬在附近无人认领的墓地。

这些背井离乡的人们为了生计而踏上艰险的旅程，并说到了美国之后会给家里打电话。过去了一个月又一个月，还是没有电话打来，不知子女生死的父母们开始心灰意冷。虽然想要申报失踪，请求政府帮忙寻找孩子，但担心如果孩子已经生活在美国某地，就会因为失踪申报而被发现，非法滞留的身份也会被曝光，所以只好继续等待。有鉴于此，即使得出DNA鉴定结果，但因为没有失踪申报记录，还是没有办法确认遗骨的身份。如果家人决定申报失踪，还要考虑在美国还是在墨西哥申报。偷渡入境是一个敏感的政治话题,美国和墨西哥都没有明确的解决方案。

国际红十字会主张,这些死者的身份应得到明确,并拥有回归家乡的权利,这是对死者最起码的尊重。因此,美国和中南美洲的非政府组织以及人类学教授聚在一起,携手推进将这些在国境地带死亡的人送回家乡的进程。他们走访那些与亲人失去联系并焦急等待的墨西哥家庭,收集失踪者生前的信息,并着手搭建数据信息库,保存在国境附近发现的无人认领遗骨的数据。有了这些努力,已经有极少一部分在国境处丧命的遗骨能够回到家乡埋葬。

这种问题并不只限于美国和墨西哥。每年有数千人从非洲出发,为了到达欧洲而踏上摩托艇。但由于中途翻船,有太多人没能到达欧洲,葬身于波涛滚滚的大海。对于这些难以糊口的人来说,很难通过法律制止他们为了找活干而偷渡出国的行为,甚至使用枪弹严防也只是徒劳。

由于在美国国境发现的身份不明的遗骨越来越多,前段时间,我所在的研究所也收到了此类调查委托。他们的遗骨通过飞机被运送至夏威夷。看着这些渴望在美国完成梦想却未能到达,最终化为一具具白骨的人们,我的心情很是低落。不管我们如何认真地为其鉴定身份,大部分遗骨最终还是会被运往美国,埋葬在某个角落。我能够做的事情就是,想着日夜等待他们的亲人,尽最大的努力做鉴定。他们在生命最后一刻紧紧攥在手中的念珠和全家福照片常常在我脑海中浮现,令人感到无限悲凉。

有些人在 60 年后回到等待他、爱他的人的怀中,有些人最终只能被安葬在无人认领的墓地中慢慢消失。与这两种人做最后道别的人就是我。对于这些存在,我能够附上我的名字,做最后深情的问候,实在令人感恩。

8 月盛夏，时隔 4 年，我又一次来到了越南。天气十分炎热，在外面待一会儿就会被热浪压得喘不过气来。在被密林覆盖的山中，我支起野外帐篷，在环境恶劣的热带雨林中和虫子做斗争，用罐头充饥。我在这里是为了寻找 40 年前因直升机坠毁而失踪的人们的遗骨。虽然时间已经过去很久，但为了完成遗属们想要摸一下死者遗骨的心愿，我们 15 名队员离开了挚爱的家人，放弃了舒适的家庭生活，来到越南的丛林，展开为期 40 天的工作。不管多么辛苦，我们在这里度过 40 天后就能回到家人的怀抱，而一想到埋在这里某一处的人在 40 年的时间里都未能回家，我们就会再热也使出全身力气工作。我希望在我回家的时候，能够将他们一起带回各自的家乡。

# 致谢

我从小就习惯随身携带记事本和铅笔。翻开来看，虽然其中有一些很幼稚的话，但我从不间断，一直在记一些东西。和随时记笔记一样令我喜爱的事情就是阅读，我喜欢通过书本进入一个全新的世界。上大学之后，我开始学习骨骼相关知识，并对此产生了兴趣，于是希望什么时候自己也能写一本关于骨骼的书，让其他人也能像我一样，通过我的书沉浸在骨骼所讲述的故事中。虽然这种想法听起来让人很激动，但对于一个年轻的大学生来说，这也只是一个梦想。

2013 年的一个晚上，我收到一封邮件，问我是否有兴趣写一本关于骨骼的书。沉寂了 10 年的梦想突然复活，我与 Prunsoop 出版社的缘分由此开始，两年之后，本书问世。我从没想过，一本书需要如此多的人的共同努力。

Prunsoop 的李玹珠老师很信任我，将写书的任务交给我。虽然她笑着说："请慢慢写。"但我却更"害怕"了，只能更认真地完成原稿。如果没有她，可能现在还有一半没完成呢。编辑用他们敏锐的眼力仔细阅读数百页的原稿，从给出的标注中，我学习到了文字润色的方法。

Prunsoop 的赵韩娜老师为了适应我往来于夏威夷、韩国和越南的忙乱日程，甚至休假时还要辛苦阅读我的原稿。我在越南挖掘时，她用国际快递寄过来的校样中还附着一封手写信，我当时非常感动。感谢与我素未谋面却为了这本书的出版而努力的 Prunsoop 全体成员。

在从事全职工作期间写书，这比想象中要困难。下班后回到家，看到可爱的女儿，我只想休息。如果没有丈夫的帮助，我的书应该不会面世。在我晚上写书的时候，给女儿洗澡、哄女儿睡觉就都成了丈夫的工作，他周末还创造环境让我能够安静地写作。谢谢！

我的家人都在韩国，所以在夏威夷，朋友们就像我的亲人一样。为了方便我写书，给予无私帮助的秀英、刘伦、东允妈妈、允儿妈妈、Kanika，谢谢你们。

每次去韩国出差的时候，我的父母、妹妹和姨母们都会很愿意帮我照料女儿，让我安心写作。也因为如此，女儿每次去韩国都能感受到外公、外婆、姨母和姨婆们满满的爱。谢谢一直信任我、鼓励我、爱我的父母、妹妹和妹夫。

写了这么多，看起来好像女儿在我写书的时间里是"妨碍"我的，但其实并非如此。因为在写作过程中我经常会想，女儿会不会有一天因为妈妈的这本书感到很自豪。我这样自己想想就会觉得很开心，进而能够沉下心来写书。女儿，谢谢你。

最后，感谢上苍赐予我珍贵的生命、家人、朋友和同事。我希望通过这本浸透着如此多人心血的书，能够让读者知道"原来骨骼这么有趣"！

# 版 权 声 明